U0151761

家庭必备

家的修缮常备手册

哥动手修，姐自己来！

Step By Step

修缮好简单，不用苦等师傅来

漂亮家居编辑部　著

中国轻工业出版社

CONTENTS
目录

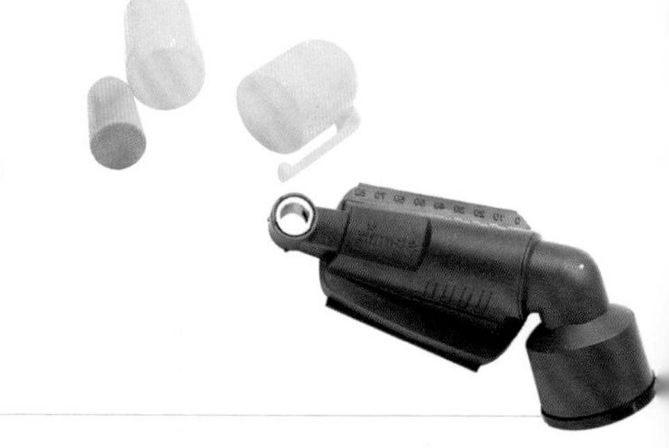

Part 1

工欲善其事
必先利其器

做个有效率、有智慧的修缮达人！

最常见的修缮好物＋

工欲善其事必先利其器，修缮类工具看上去琳琅满目，其实也是大同小异，严选修缮工作最常见的实用物品、智慧好物，只要东西对了，事情就简单了。

Tools

修缮工具

❶ **STANLEY 一字起子。**一字铬钒钢刀杆，坚固耐磨。❷ **STANLEY 16OZ 铁管羊角锤。**橡胶包铁握柄，敲击不易伤手。❸ **STANLEY 十字起子。**刀杆精致且坚固耐用，居家修缮必备。❹ **BOSCH 12V锂电池震动电钻。**适用于在木材与金属中进行强劲的锁螺丝与钻孔作业。❺ **木柄7英寸特大补刀。**木柄握把施工容易，刀齿强韧不易折断。❻ **2.5英寸刮刀。**刮除残胶使用，油漆前补土。

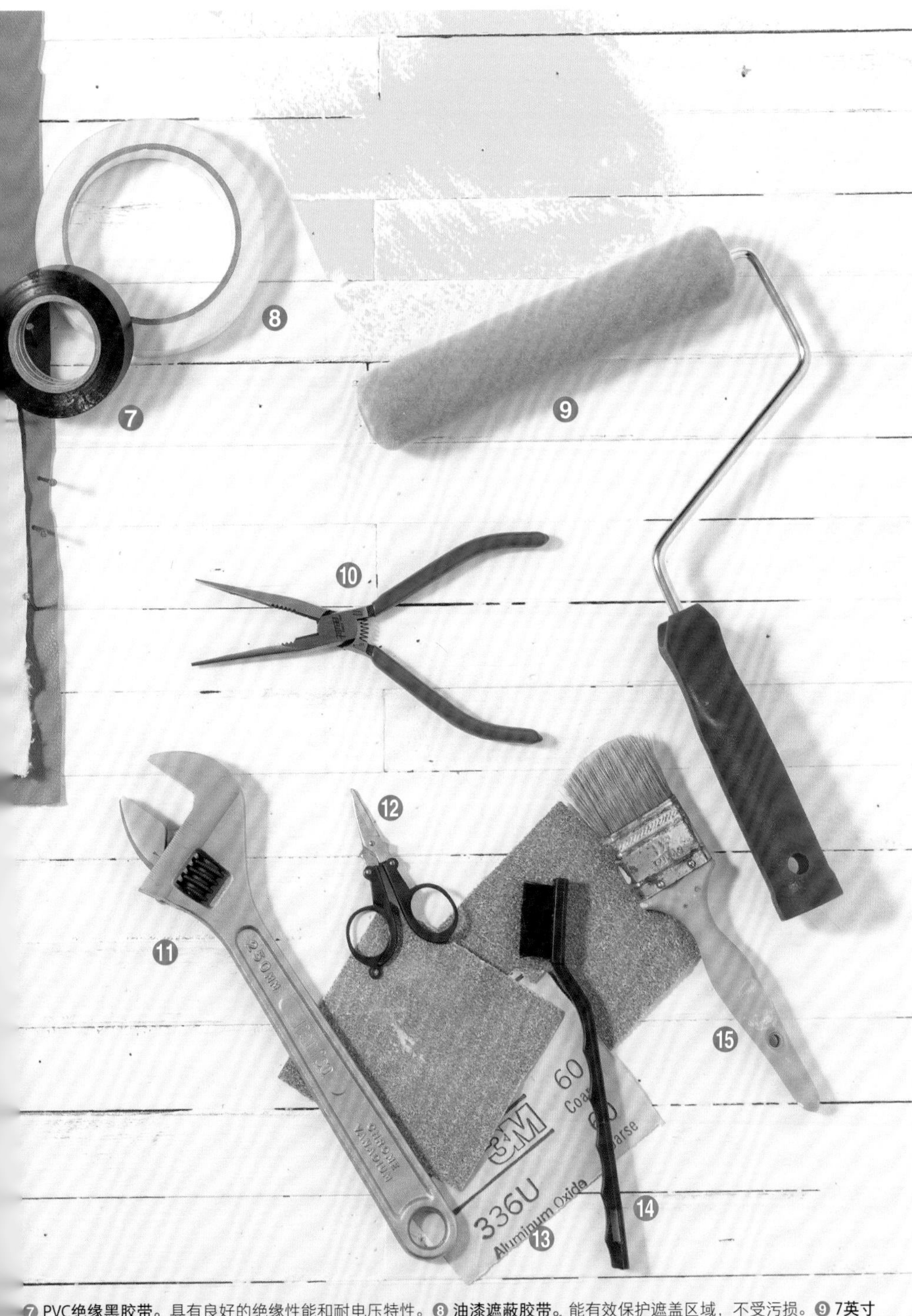

❼ **PVC绝缘黑胶带**。具有良好的绝缘性能和耐电压特性。❽ **油漆遮蔽胶带**。能有效保护遮盖区域，不受污损。❾ **7英寸绒毛滚筒刷**。室内平整墙面涂刷专用，绒毛泡棉细密。❿ **6英寸细斜齿尖嘴钳**。提供固定及夹取细小物品。⓫ **10英寸碳钢活动扳手**。锁紧松弛螺丝和螺帽的好帮手。⓬ **铁制折叠剪刀**。小型好收纳的剪裁工具。⓭ **砂纸**。快速省力的研磨工具。⓮ **塑柄上糊刷**。方便涂抹均匀，刷头不易伤害物品。⓯ **2英寸油漆毛刷**。油漆粉刷的实用工具。

摄影＿江建勋

Clean
清洁用品

❶ **硅利康除霉剂**。黏性强，附着力好，可缩短除霉时间。❷ **吸水抹布（水蓝、粉、橘）**。防油防污好清洗。❸ **贴纸克星除胶剂**。可以清除贴纸、标签、双面胶、泡棉胶、残胶、硅利康胶、口香糖、柏油沥青等。❹ **环保清洁剂活氧漂白粉**。适用于衣物漂白、玻璃杯清洁、洗衣槽清洁、抹布清洁杀菌、茶垢清洁。❺ **AISEN极细刷领袖口清洁海绵**。刷洗领口、袖口脏污，三层构造，软质素材刷洗无刮痕。❻ **手提油漆桶**。带把手塑料桶，使用更方便。

❼ **水垢锈斑清洁剂。**能快速清除长期锈斑、水垢、硫黄斑。❽ **天然橡胶棉里抗菌手套。**防滑设计，干湿不滑手。❾ **奈米硅酸质清洁壁癌喷剂。**超强渗透力，有效阻断白华。❿ **壁纸去胶剂。**施工容易，适用于各式壁纸去胶。⓫ **蓝鹰牌松香水。**稀释调和漆、柏油、凡立水、喷瓷漆。⓬ **3M多功能除胶去蜡水。**能有效去除污渍顽垢，轻松达到清洁效果。

摄影＿江建勋

Repair & Maintain

维修 & 保养

❶ **混凝土裂缝专用**。防止空气、水汽穿过裂缝及接缝，让施工更容易。❷ **木质家具简易补修组**。适用修补于一般木质地板、门窗、木框橱柜等小刮伤和小痕沟。❸ **家具皮革亮光保养剂**。让家具的亮光持久，抗污且不黏腻刺鼻。❹ **酵速木质地板保养精油**。能滋养保护地板，具有保养及修护功能。❺ **多用途防水瓷砖填缝剂**。不易滑落、清洗容易，适用于浴室填缝和黏合瓷砖。❻ **美则木质地板保养清洁剂**。能安全擦净木材，不伤害表面。❼ **美则金属材质天然保养清洁剂**。不伤害金属表面，擦拭触碰过的任何痕迹。❽ **无醛屋除甲醛健康喷腊（平光）**。防霉抗菌，消灭居家常见的病毒细菌。❾ **3M魔利家具保养蜡**。用于家具除垢，特殊保护膜能延长家具寿命。❿ **碧丽珠家具喷蜡**。清除灰尘，适用于各种木质和家用电器的光泽与保护。

6
method
WOOD FOR GOOD
SQUIRT + MOP
wood floor cleaner
almond | amande
nettoyant pour plancher en bois
SURFACE SAFE
NON-TOXIC
PLANT-BASED
7
method
STEEL FOR REAL
cleans + polishes
apple orchard
verger fleuri
SURFACE SAFE
NON-TOXIC, PLANT-BASED
CLEANS FINGERPRINTS + SMUDGES WITH NO STREAKING
8
HOPAX
无醛屋
GreenKey
健康全方位喷腊
强效除甲醛 森林芬芳
9
3M
魔利
家具保养腊
10
Anti-Dust Formula
pledge
碧丽珠
FURNITURE POLISH
NATURAL SHINE FORMULA
Cleans · Shines · Protects
清洁 · 光泽 · 保护

摄影＿江建勋

如何正确使用电钻？七大使用诀窍！

图片提供 / 示范__特力屋

Key1 掌握电钻结构，了解使用诀窍！

① 快速夹头

固定钻头的地方，便利的设计，简化固定一般夹头或松脱钻头的程序。

夹头分为三分、四分两种

三分：指最大夹头能力为可使用至10mm直径的钻头。

四分：指最大夹头能力为可使用至13mm直径的钻头。

夹头种类

钥匙夹头及快速夹头（免钥匙夹头）。

② 螺丝起子扭力调整杆

当切换至螺丝起子功能时，可依照施工材质需求调整20种不同大小扭力。

单速与变速

单转速无法控制时，按下开关（扳机）仅有一个转速。

变速功能可能使作业更为精准，能依开关（扳机）扣压的力度来调整转速，材料越硬所要求的转速越低。有些可提供高、低两个变速。

③ 功能切换开关

可选择有震动功能、无震动功能以及螺丝起子功能。震动功能为铁锤符号（T字型），无震动功能为钻头的图案，螺丝起子功能则为螺丝钉图案。

主要功能分别为有震动功能和无震动功能

铁锤符号：有震动功能，针对砖墙及水泥墙使用。

钻头符号：无震动功能，针对木材、铁材、塑胶材质等使用。

④ 转速切换钮

可调整两种转速，切换至1为低转速，2则为高转速。

扭力

类似插电式工具的功率（输出）；当扭力大时转速低，扭力小时转速高。

⑤ 电子调速开关

按下开关即可钻墙，可依照压力的大小调整转速快慢。

变速

变速功能可使作业更为精准，能依开关扣压的力度来调整转速，材料越硬所要求的转速越低。有些机器能提供高、低两个变速。

⑥ 正、逆转开关

拥有正、逆转两个功能，正转代表可以拧入起子或钻入钻头，逆转则为退出。

正转与逆转功能

正转与逆转功能兼具则更方便装卸螺丝，可当电动起子机使用。

Key2 选用符合施工材质的钻头及尺寸

若要钻水泥墙，建议使用水泥钻头及万用钻头，别忘了准备和钻头尺寸相同的塑料膨胀管以利于固定，另外，需垂直放入钻头，钻出来的孔才不会歪！

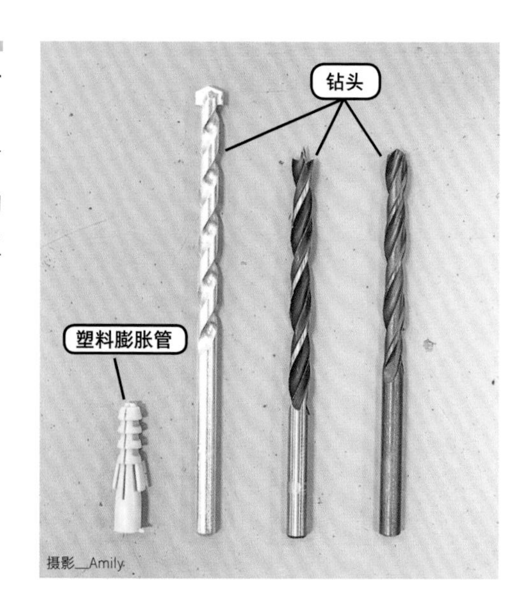

摄影＿Amily

Key3 调整至震动功能，为钻墙做准备

钻头上方的开关可调整至震动或无震动功能，震动功能的图示为铁锤符号（T字型），用于震动钻墙；无震动功能的符号为钻头图案。

摄影＿Amily

Key4 轻按扳机，慢慢加速至适当力度

建议先轻按扳机，直到钻出一个圆孔后，再逐渐加大力度，部分电钻设置定格钮，可固定扳机速度，减轻操作者手指施力。

摄影__Amily

Key5 垂直于使用材质，另一手扶着电钻头部施力

钻孔时需注意电钻是否垂直于墙壁，尤其女生力气较小，手臂容易过酸而微微下垂，如此会造成钻孔偏离移位，建议可钻一下停一下，才不会因施力过大的错误姿势导致孔钻歪。

摄影__Amily

Key6 使用电钻防护单品推荐

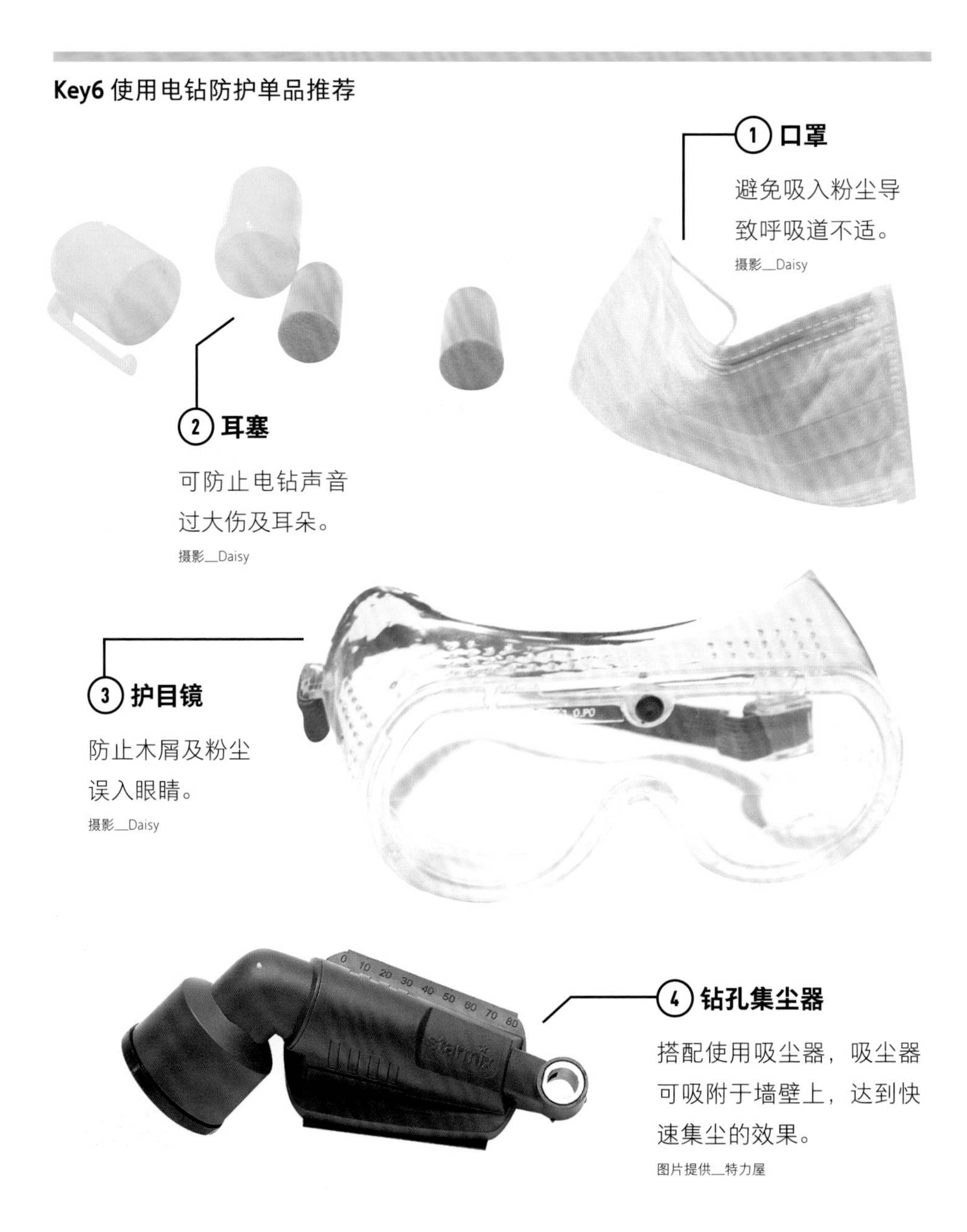

① 口罩

避免吸入粉尘导致呼吸道不适。

摄影__Daisy

② 耳塞

可防止电钻声音过大伤及耳朵。

摄影__Daisy

③ 护目镜

防止木屑及粉尘误入眼睛。

摄影__Daisy

④ 钻孔集尘器

搭配使用吸尘器，吸尘器可吸附于墙壁上，达到快速集尘的效果。

图片提供__特力屋

Key7 使用电钻安全注意事项

使用电钻时，必须遵守各项安全防备措施，以降低火灾、触电以及肢体伤害发生的可能性。

① 注意工作所在的环境

不要让电钻工具遭到雨淋，也不要在潮湿的地方使用电钻工具，工作地点要有足够的照明设施。如果有造成火灾或爆炸的可能，千万不可使用电钻工具。

② 使用正确的工具

工作需要重型工具时，不可强行使用较小的工具或附件，不可超出工具应用的负载。

③ 远离儿童

千万不可让儿童接触工具或是延长线，所有非工作人员都应远离工作地点。

④ 避免无心启动工具

拿取已通电的工具时，不要将手指放在开关上。插上插头前，先检查开关是否处于关的状态。

⑤ 检查损毁的零件

在继续使用工具之前，仔细检查损毁的安全装置或其他部分，确定工具是否依旧可以操作无误，并检查转动部分的平整，是否可以随意转动，有无零件失落以及任何影响操作的情况。损毁的安全装置或任何零件，都应送往指定的服务中心处理，除非说明书上另有指示，损坏的开关应交由指定的服务中心加以更换。开关损坏时，千万不可使用工具。

如何正确使用塑料膨胀管?

示范__特力屋

塑料膨胀管是一种长2～4厘米的塑料筒套，外壳有齿状，中间有螺丝孔，可强化固定在墙壁或天花板上的装置。

确定塑料膨胀管口径与钻头直径一致（如6毫米膨胀管要配6毫米钻头）。

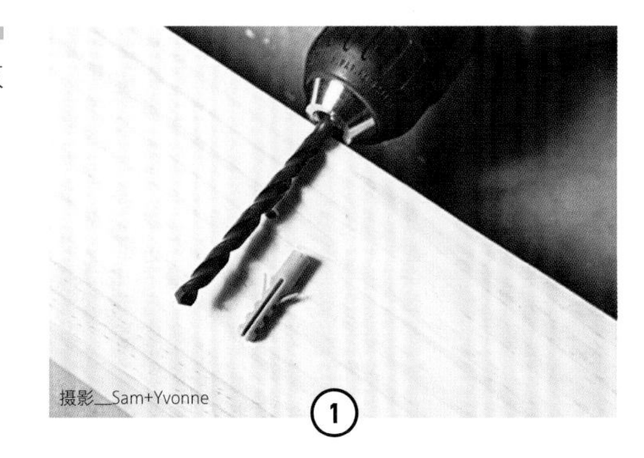
摄影__Sam+Yvonne
①

钻孔深度要与膨胀管长度一样，或比膨胀管长1厘米，可先在钻头上用笔或贴布做记号。

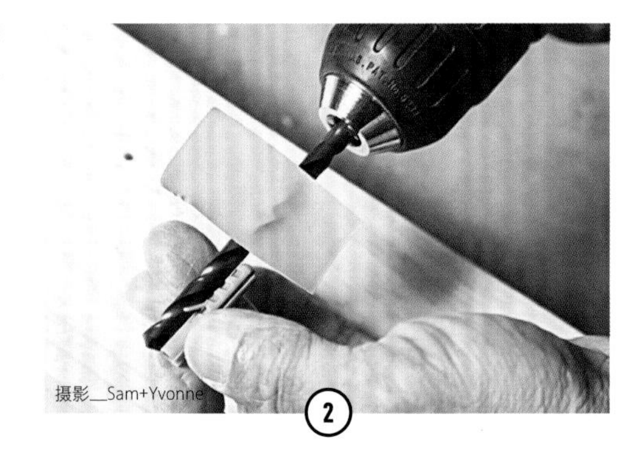
摄影__Sam+Yvonne
②

钻到记号处就可以停止。

摄影__Sam+Yvonne
③

钻好孔后，将膨胀管插进孔里，再用铁锤打进去。

完成膨胀管安装。

最后就可以用适当长度的螺丝锁上去，大功告成。

如何正确挑选使用的螺丝？

摄影__Amily / 内容咨询__特力屋

我们经常会在家里钉钉打打，用来修缮家具或张挂壁画、装饰品，甚至是机械零件、零件组装等，都会使用到钉子，其自然而然也就成为不可或缺的配件了！

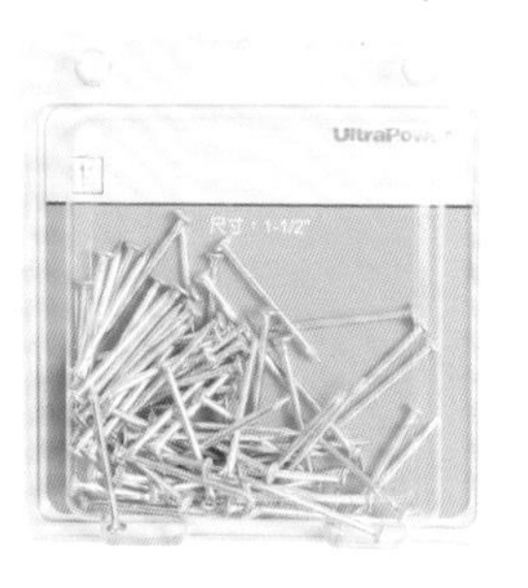

① 铁钉

一般用途，适用于木料，一般为室内使用。

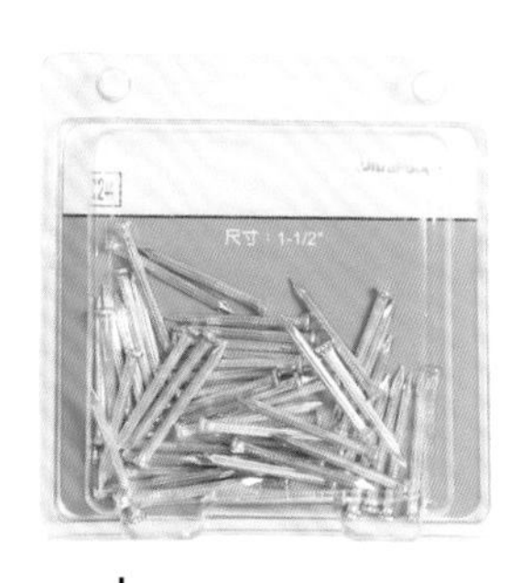

④ 钢钉

用于结合木材与水泥材料，硬度高，不易锈蚀。

② 铜钉

用于板材固定，价格低廉，不易锈蚀。

③ 木螺丝

适用于木质材料或配合膨胀管，用于水泥材料上。

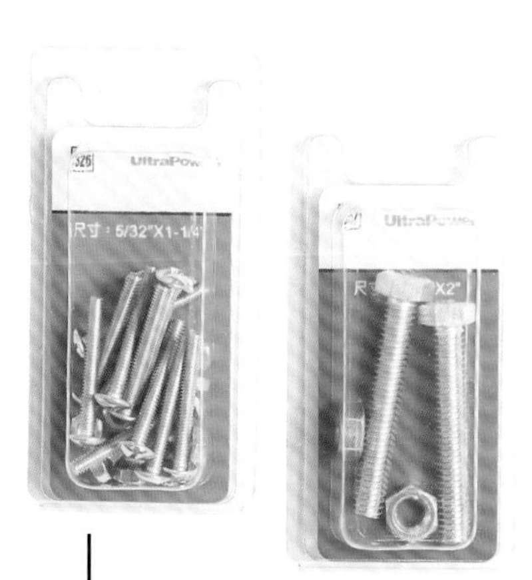

⑤ 机械牙螺丝

配合螺帽使用，也可配合垫片作固定工件用。

钉子的种类很多，选对钉子、用对地方，就能事半功倍。别看只是一个小小的螺丝，它在零件中扮演着重要的角色，不可缺少！

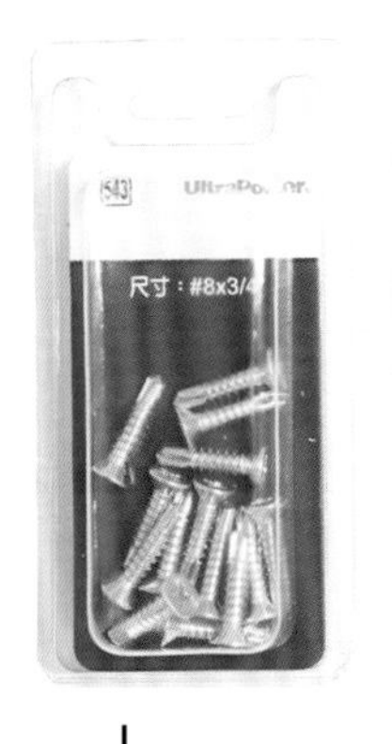

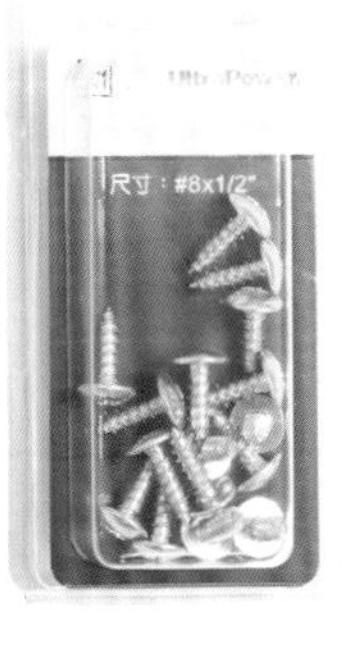

⑧ 垫片

平垫片的作用在于加大接触面积；弹簧垫片的作用在于防止螺丝松动。

⑥ 铁板牙螺丝

配合垫片使用，可固定工件或铁板材。

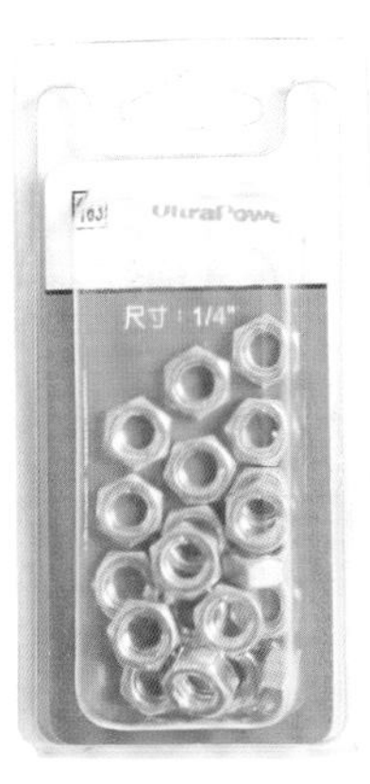

⑨ 螺帽

配合螺丝使用。

⑦ 安可 / 膨胀管

埋入建筑材质中，用于固定螺丝，有多种尺寸配合对应螺丝使用。

⑩ 自攻螺丝

可直接用于金属材料上，有钻孔及固定功能。

Part 2

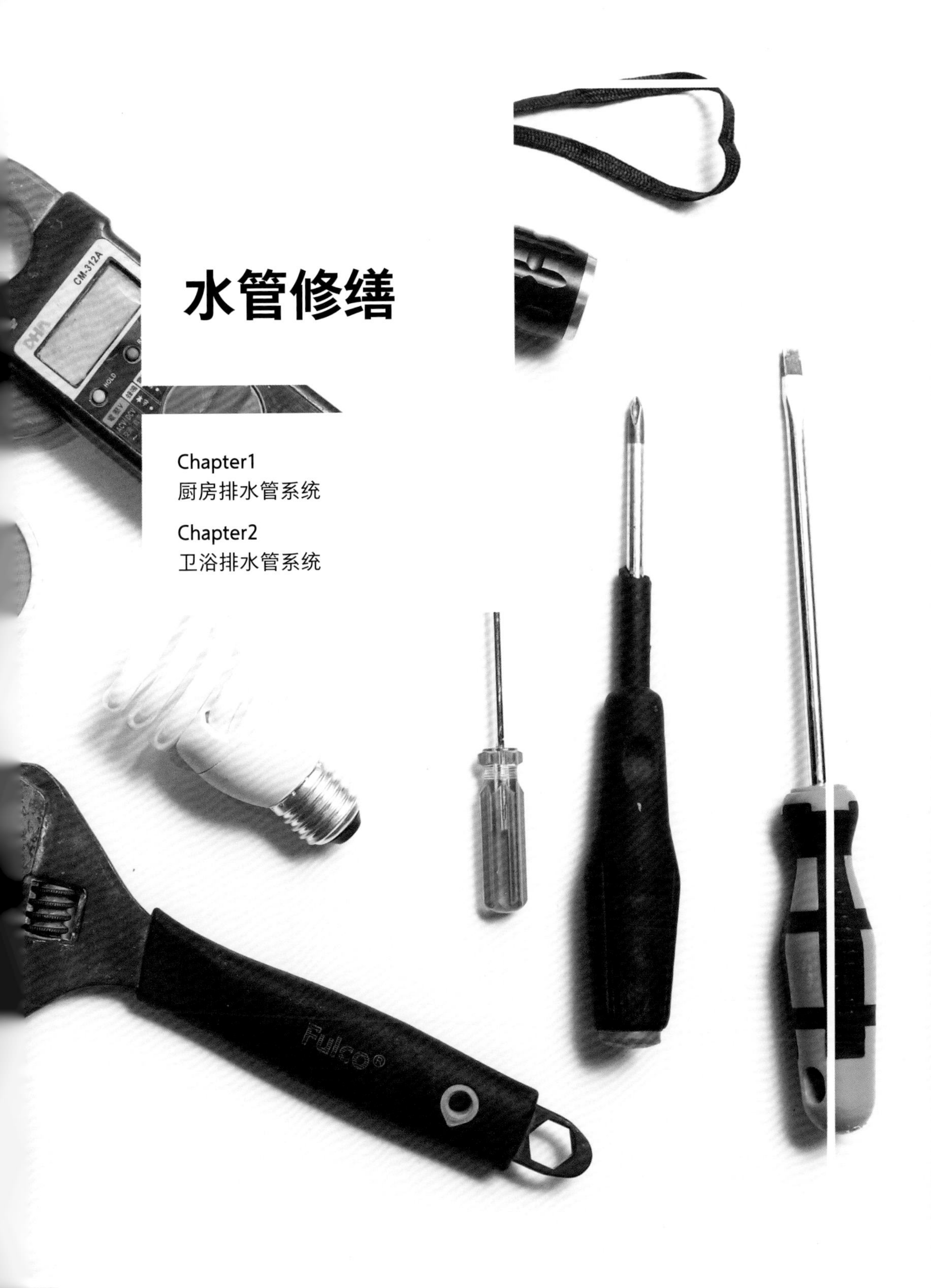

水管修缮

Chapter1
厨房排水管系统

Chapter2
卫浴排水管系统

Q1.

厨房水槽堵塞的解决方法？

专家解答

厨房的水槽发生堵塞的时候，大多数是因为残留在管道内的日积月累的油垢，如果没有定期清洁，就会发生堵塞。这时候可以利用手边的材料，比如小苏打和白醋的组合，能够有效消除油垢。

TOOLS 材料、工具

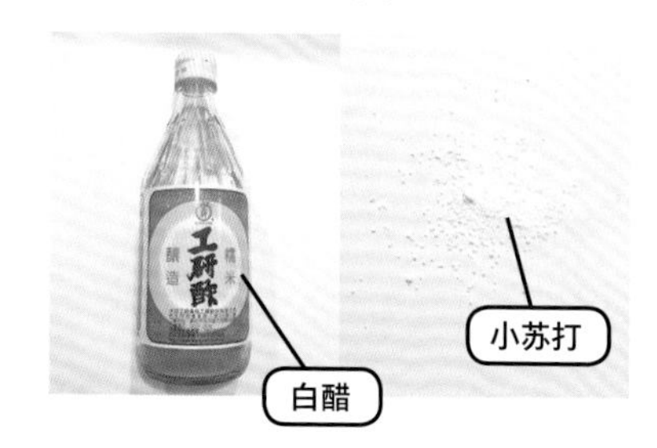

修缮步骤

在水槽内倒入适量的小苏打。

示范__廖荏锋

慢慢地倒入白醋，然后静待15～30分钟。

开热水持续冲洗约5分钟。

专家小提醒

小苏打加白醋时，会产生略微刺鼻的气味，如果不喜欢，可以戴口罩操作。

Q2.

操作台下方漏水时该怎么办？

专家解答

当厨房用水发生下方漏水的情况时，通常有两种可能性，第一是洗洁精用得太多，水量开太大，导致泡沫过多溢出水管，解决方法是不要制造太多泡沫即可。第二则是水管有细微破裂，导致漏水，这时候就需要更换水管。检查时先清空操作台下方空间，如果没有用水就出现渗漏，就代表管线有裂缝。

TOOLS 材料、工具

修缮步骤

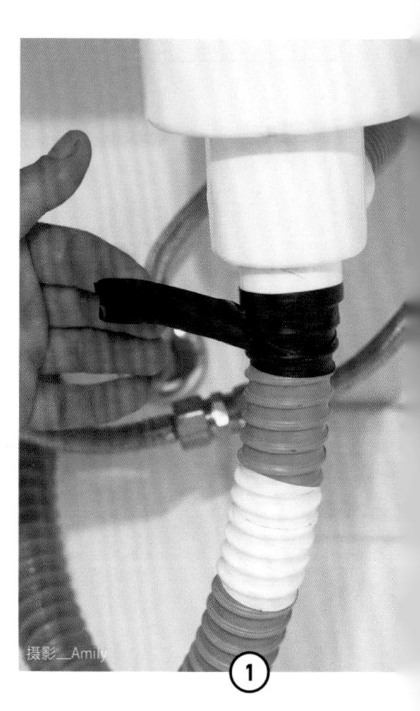

一般排水管接头处都是用绝缘胶带固定，并且留一节胶带方便日后维修，更换时第一步就是先将胶带拆除。

示范__廖荏锋

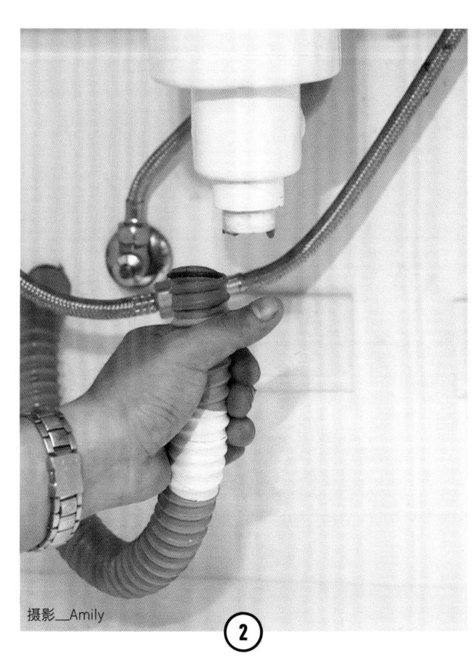

②

取下衔接操作台的水管后，拉出整节水管替换。

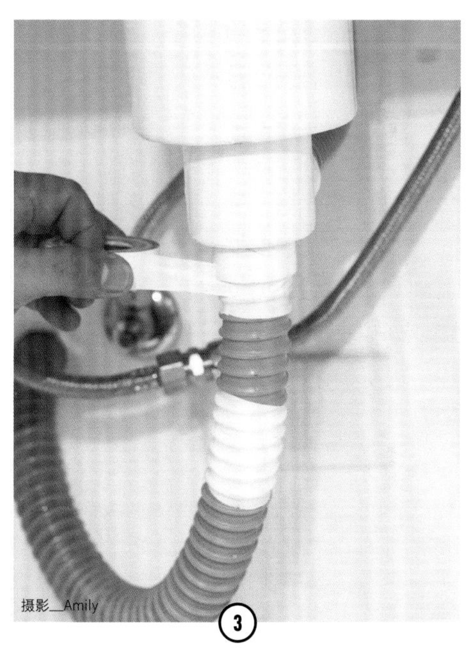

③

更换新水管后，一样用绝缘胶带固定，并保留一节胶带方便日后维修。

专家小提醒

深夜或假日时，比较不容易买到材料，如果发生水管漏水，可以先使用绝缘胶带缠绕漏水处，暂时控制。

Q3.

如何更换厨房操作台的水龙头？

专家解答

首先在水槽下方柜体内，用螺丝起子将衔接水龙头处的固定螺丝松开，水槽处的水龙头即可拿起。厨房的水龙头形式很多，但通常尺寸都能通用，因此更换时可自行选购喜欢的款式，不用顾虑尺寸问题。水龙头安装的位置会决定水龙头的款式，如果是安装在台面上方，那么弧状水龙头较适合，出水的弧度方便洗涤。

TOOLS 材料、工具

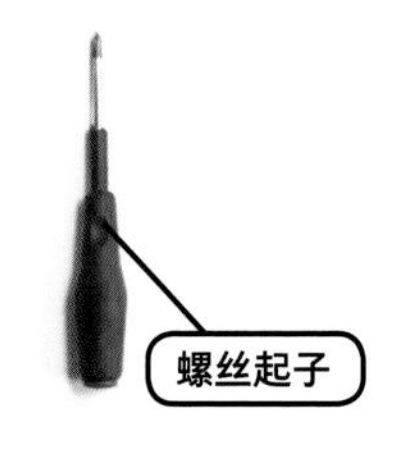

修缮步骤

通常水槽下方衔接水龙头处都会有一个这样的螺丝固定住。

示范__廖荏锋

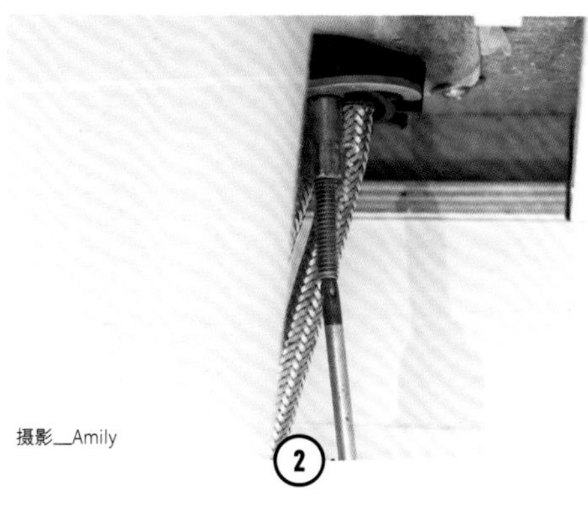

用螺丝起子松开固定用的螺丝。

直至完全松开后，就可以进行更换。

从水槽处直接拿起旧水龙头，安装新水龙头后，照原来的方式锁紧水槽下方衔接处即可。

专家小提醒

一般的螺丝或任何旋转固定的工具，大都是“逆松顺紧”，因此松开和锁紧时可以按照这个规则，方便作业。

Q4.

如何解决操作台的水龙头出水变小问题？

专家解答

当操作台的水龙头出水量变小，首先要检查是否是水压的问题，如果家中各处，比如浴室莲蓬头、厕所马桶、阳台洗衣机等处的出水量都下降，就是水压不够，就要找专业水电师傅处理。但如果水压正常，只有厨房的出水下降，可能是出水口处陈年累积的水垢导致，只要直接用手旋转水龙头出水处取下过滤嘴，用旧牙刷清理掉水垢，就解决了问题。

TOOLS 材料、工具

修缮步骤

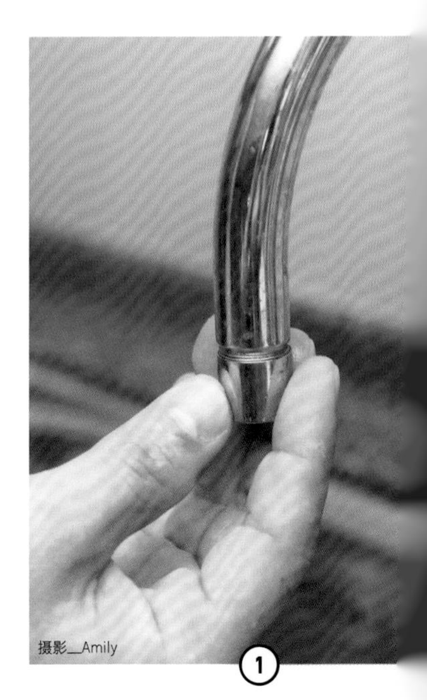

旋转水龙头的出水处，拆卸水龙头过滤嘴。

示范__廖茌锋

2

检查水龙头过滤嘴的状态，残留的水垢都会堵塞出水口。

3

用旧牙刷清洗水垢，再装填恢复原貌即可。

专家小提醒

如果想更换过滤嘴，可以拿旧的过滤嘴到五金店购买合适尺寸的新过滤嘴即可。

Q5.

如何更换厨房操作台下方的冷热水管?

专家解答

更换冷热水管时，记得一定要先关闭水阀。因为排水管是在使用时才有排水，但冷热水管的水流一直都在管线内。一般都是左热右冷，热水管线务必要使用金属材质。有些师傅会在热水管线使用金属材质，但冷水管线使用塑料材质，当然，也可以都使用金属材质。然后用一字起子松开螺丝，再用扳手松开螺丝帽后，就能进行更换操作。

TOOLS 材料、工具

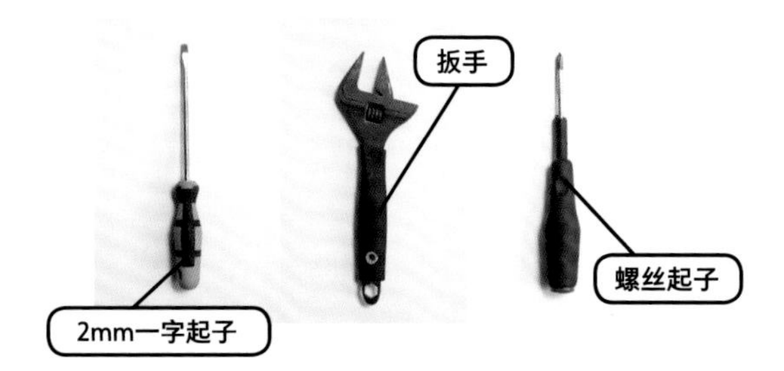

修缮步骤

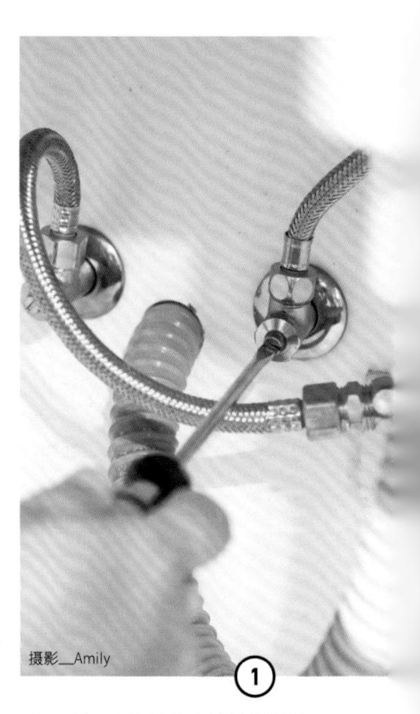

用一字起子松开固定管线的螺丝。

示范__廖荏锋

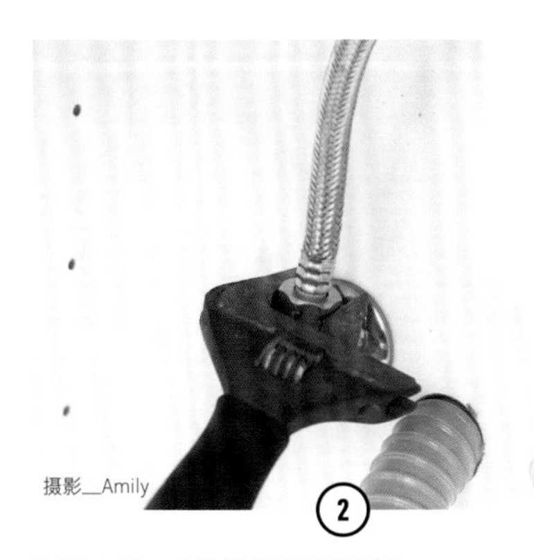
摄影__Amily

②
用扳手松开冷热管线上的螺丝帽。

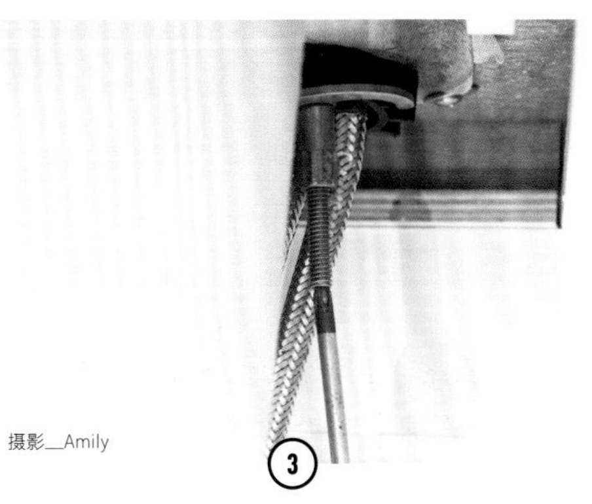
摄影__Amily

③
冷热水管的另一端衔接到水龙头，因此也要松开固定在水龙头处的螺丝。

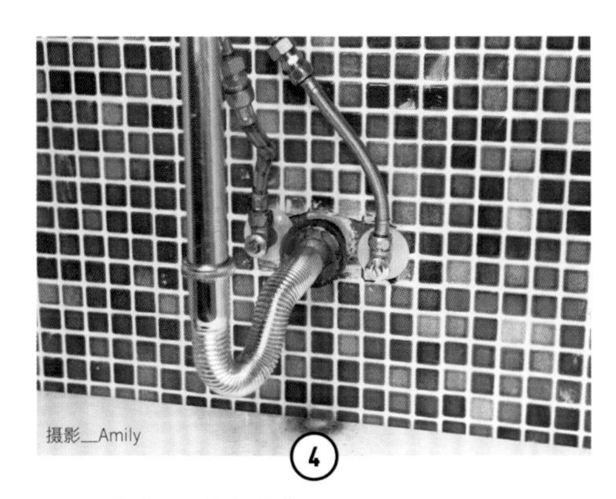
摄影__Amily

④
取下旧管线，更换新管线后即可。

专家小提醒

建议每10年更换一次，避免材料脆化，导致漏水。而冷热水管如果是不同材质，建议管线间要保持距离，否则热水管的金属管线有可能影响冷水管的塑料材质，也会造成漏水。

Q6.

如何清洁操作台排水孔？

专家解答

厨房的排水孔只要家里有小苏打和白醋，就能清洁干净。先将小苏打倒入水槽的排水孔内，再慢慢倒入白醋，静待约5分钟，接着用百洁布轻轻刷洗并冲洗干净。因为小苏打是弱碱性，如果担心会伤手，也可以戴手套进行操作。建议在冲洗时使用温水，因为小苏打遇热时去污效果更好。

TOOLS 材料、工具

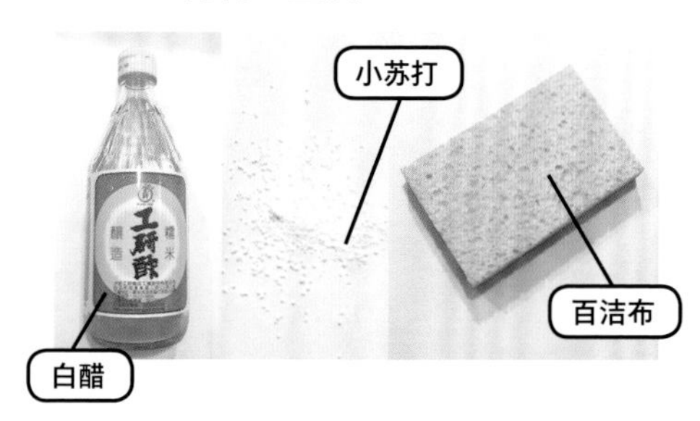

修缮步骤

在水槽内倒入适量的小苏打。

示范__廖荏锋

慢慢倒入白醋，然后静待约5分钟。

刷洗后用温水清洗即可。

专家小提醒

厨房水槽容易囤积油垢，夏日时易滋生蚊虫，建议定期要进行清理，最好一周一次。

Q1.

如何防堵排水孔的小飞虫或蟑螂？

专家解答

对于浴室排水孔总是时不时冒小飞虫，甚至有蟑螂，大家都感到很困扰。加上各家各户的管道其实相通，如果排水孔不保持清洁，散发出来的臭味就更容易招来蟑螂了。因此，浴室的排水孔必须定期清理，就不容易滋生蚊虫和蟑螂了。首先就是将过滤网拿出来，清洗污垢和毛发，然后再用大量的热水冲洗排水孔，去除水管内壁的污垢即可。

TOOLS 材料、工具

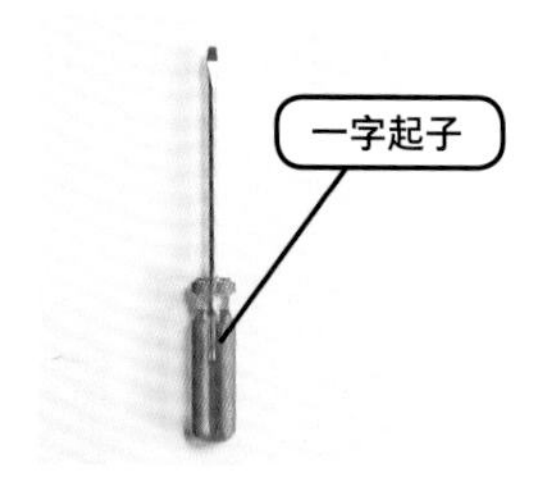

修缮步骤

将过滤网拔起。

示范__廖荏锋

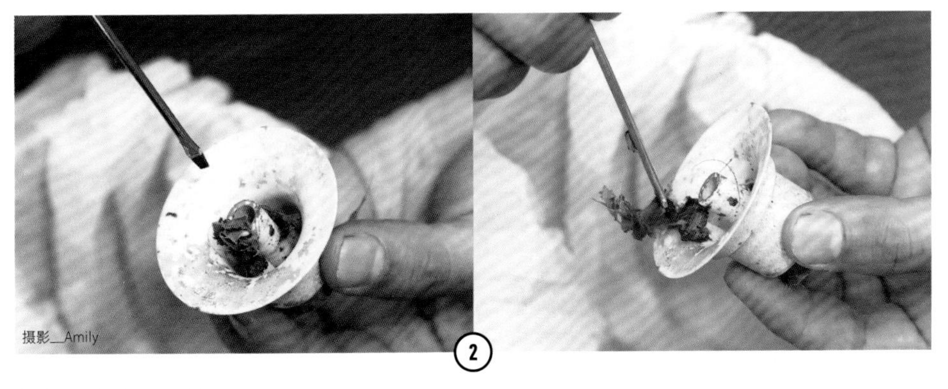

将过滤网上残存的毛发和污垢清理干净。

用水柱直接清洗水管内壁，效果会更好。

专家小提醒

一般新装修的房子，排水孔都附有过滤网，但很多老房子的排水孔本身没有过滤网，可以购买市面上消耗性的过滤网使用。

Q2.

如何解决莲蓬头的出水突然变小问题？

专家解答

相信很多人都很讨厌工作劳累一整天后回到家洗澡却发现水量不够大。这时可以试试拆掉莲蓬头，检查一下出水处的过滤洞孔是否囤积了污垢和小碎石。如果有，可以利用大头针或牙签等随手可得的工具，打开水龙头，借由水流，将针头穿过一个一个的洞孔进行清洗，再装回去的时候就会发现出水量大了许多。

TOOLS 材料、工具

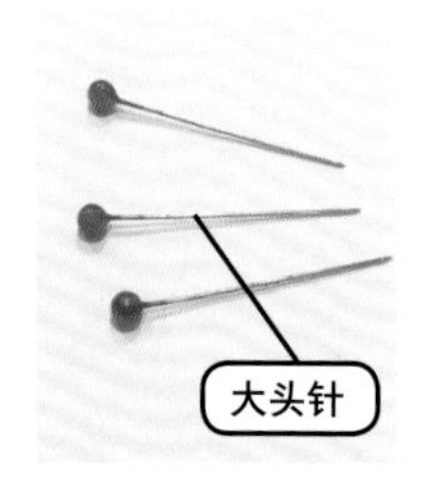

修缮步骤

拆开莲蓬头的过滤孔，检查是否有污垢和小碎石。

示范__廖荏锋

拿针头逐一戳洞孔，疏通藏污纳垢。

用水流清洁洞孔。

专家小提醒

也可以将莲蓬头浸泡在加了白醋的温水中，浸泡约1个小时再加以清洗，也具有清除污垢的效果。

Q3.

如何更换洗脸盆的排水管？

专家解答

一般建议大约10年就要更换一次排水管的管线，目前浴室的洗脸盆下方排水管通常都是金属材质，长时间使用容易脆化或生锈，脆化后材料变得易碎，就会导致漏水，定期更换也能确保水质的安全。浴室排水管的口径尺寸都是固定的，不用担心会有尺寸不合适的情况发生。至于长短问题，可以量一下或直接拿到五金店请人判断。

修缮步骤

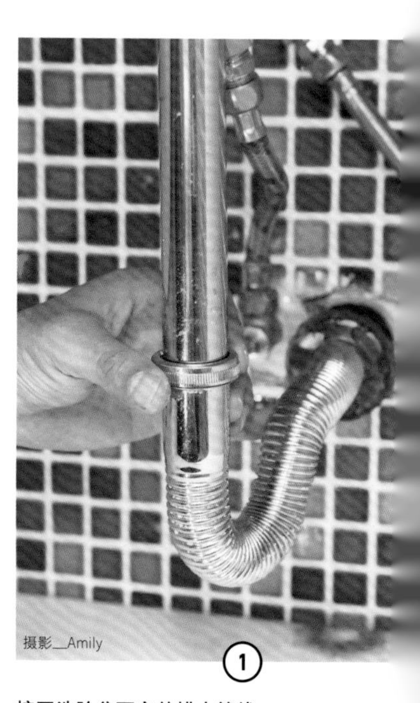

摄影__Amily

① 拧开洗脸盆下方的排水管线。

示范__廖荏锋

摄影__Amily

②

直至完全拆开，就可以进行更换操作。

摄影__Amily

③

要留意管线内有残留的水，开口保持向上，然后抽出管线更换。

专家小提醒

管线部分，有塑料和金属两种。因为浴室的冷热管线只有一条，不像厨房的冷热管线是分开的，考虑耐热因素，建议还是购买金属材质的管线。

Q4.

地面排水孔排水变慢怎么办？

专家解答

小苏打不论是除臭、去垢、清洁、消毒，都具有一定功效，且成分相对天然许多，甚至洗衣物时也可以添加小苏打，增强去污力。浴室的排水孔清洁，也可以使用小苏打加白醋，来达到疏通的效果。一个月一次是最推荐的定期保养的时间，不用担心腐蚀的问题，因为小苏打呈弱碱性，是新兴的无毒清洁术大力推荐的用品。

修缮步骤

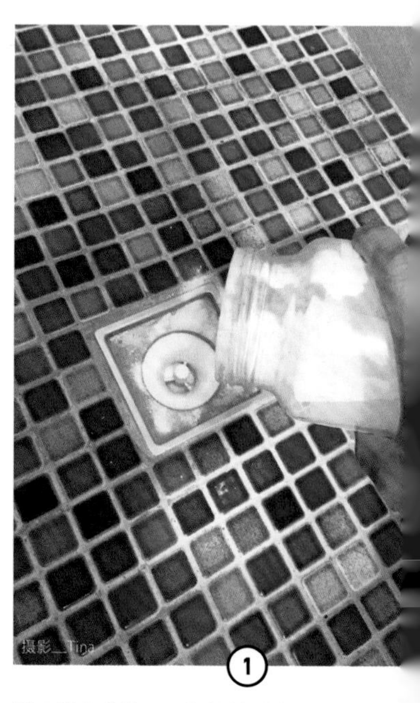

掀开排水孔盖子，并在表面倒入小苏打。

TOOLS 材料、工具

示范__廖荏锋

② 慢慢倒入白醋，静置30分钟。

③ 用温水冲洗约15分钟。

专家小提醒

小苏打在一般化工材料店可以购买，近几年来流行无毒清洁术后，小苏打是热门选择，现在甚至在超市或百货店也能买到。

Part 3

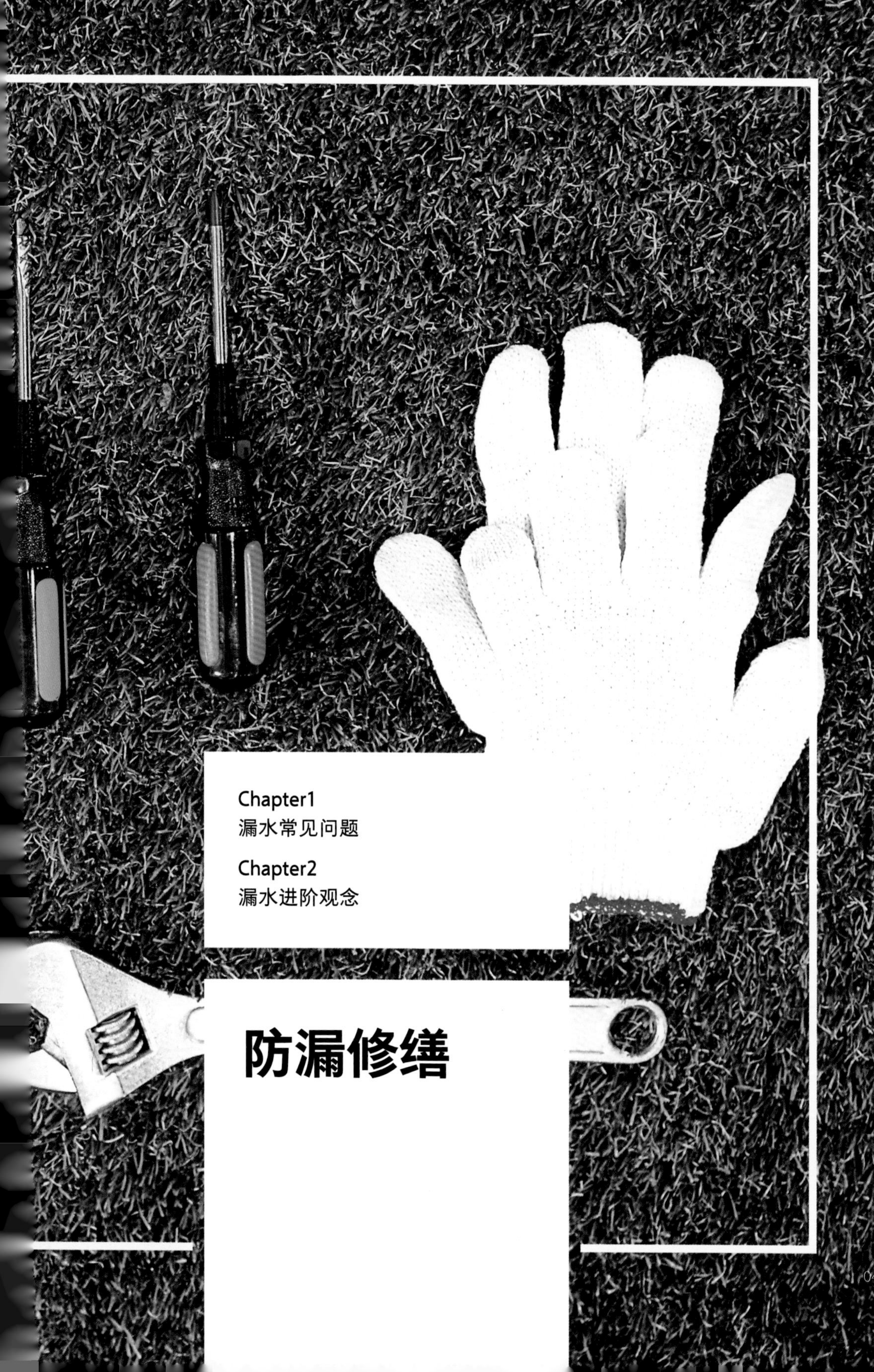

Chapter1
漏水常见问题

Chapter2
漏水进阶观念

防漏修缮

Q1.

屋内渗水怎么办？

专家解答

找漏水原因是房屋修缮工作中最难的一环，即使找出漏水的地方，也不见得能一次修好，因为水是流动

修缮前先认识水路排布

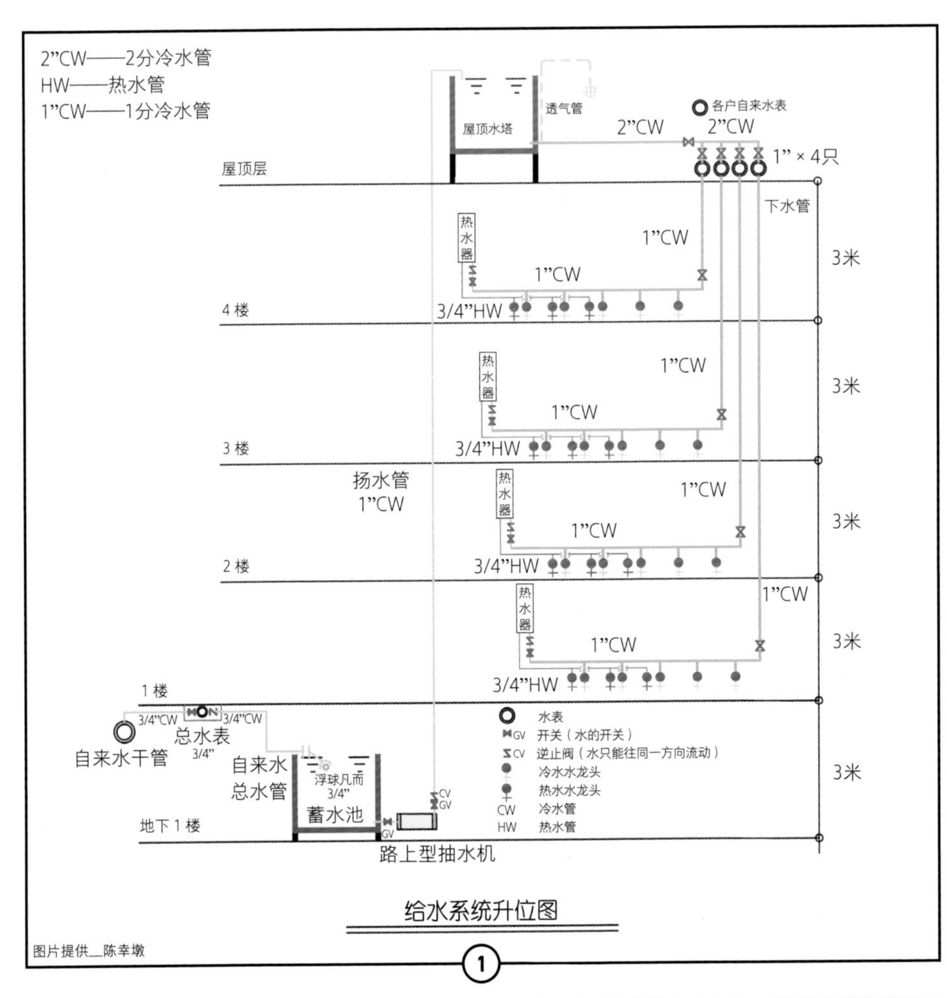

1

一般大楼水塔位于屋顶层，全栋用水由屋顶水塔接管送出，每一户有各自的自来水表，并可用开关阀控制输水或停水。

的，这使问题变得更复杂、烦人！不过，综观家中易漏水处，可以归纳出几个地方：浴室及其周边；厨房水槽及其周边；洗衣机旁及其周边等地方。要抓漏首先要了解家中的漏水来源、管子材质及管径，才能够准确找到漏水点及漏水原因。

示范__陈幸墩

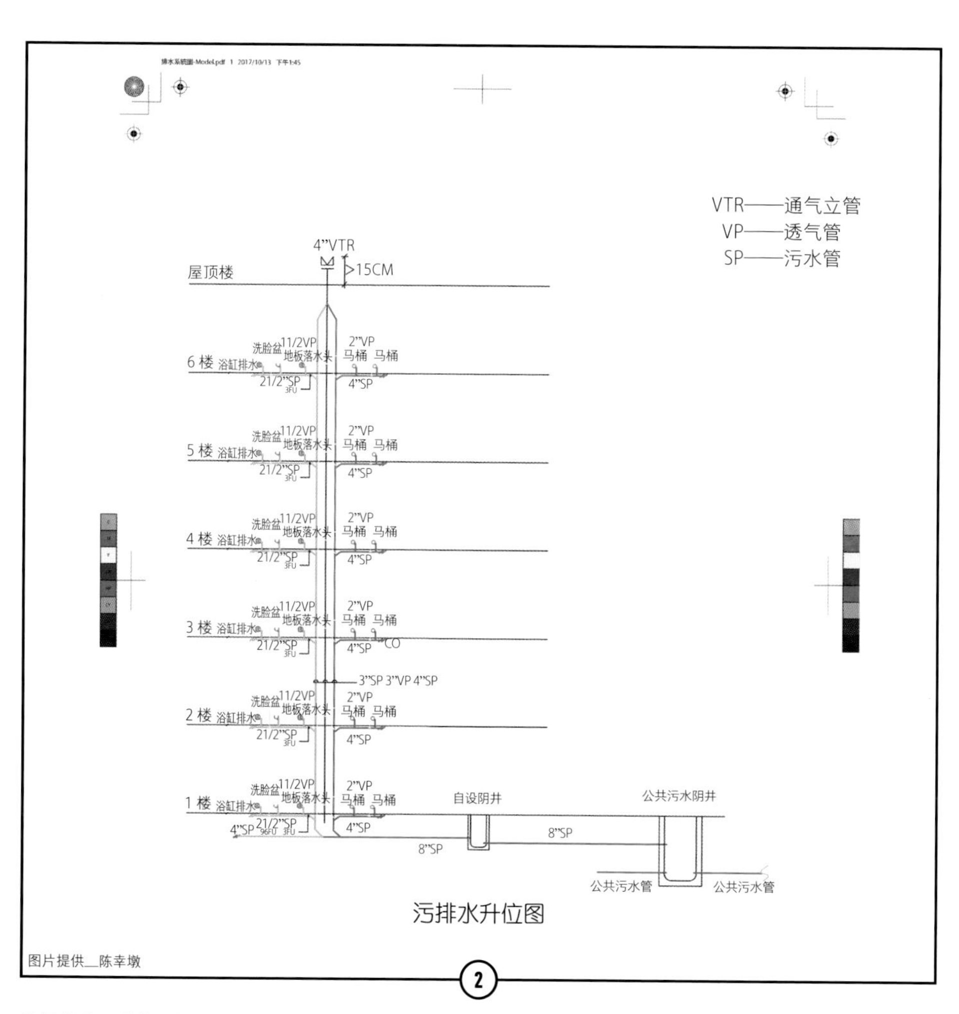

2

排污管路区分有马桶污水和厨房、洗涤用水两大类，材质均为PVC橘色管。

修缮前先认识水路排布

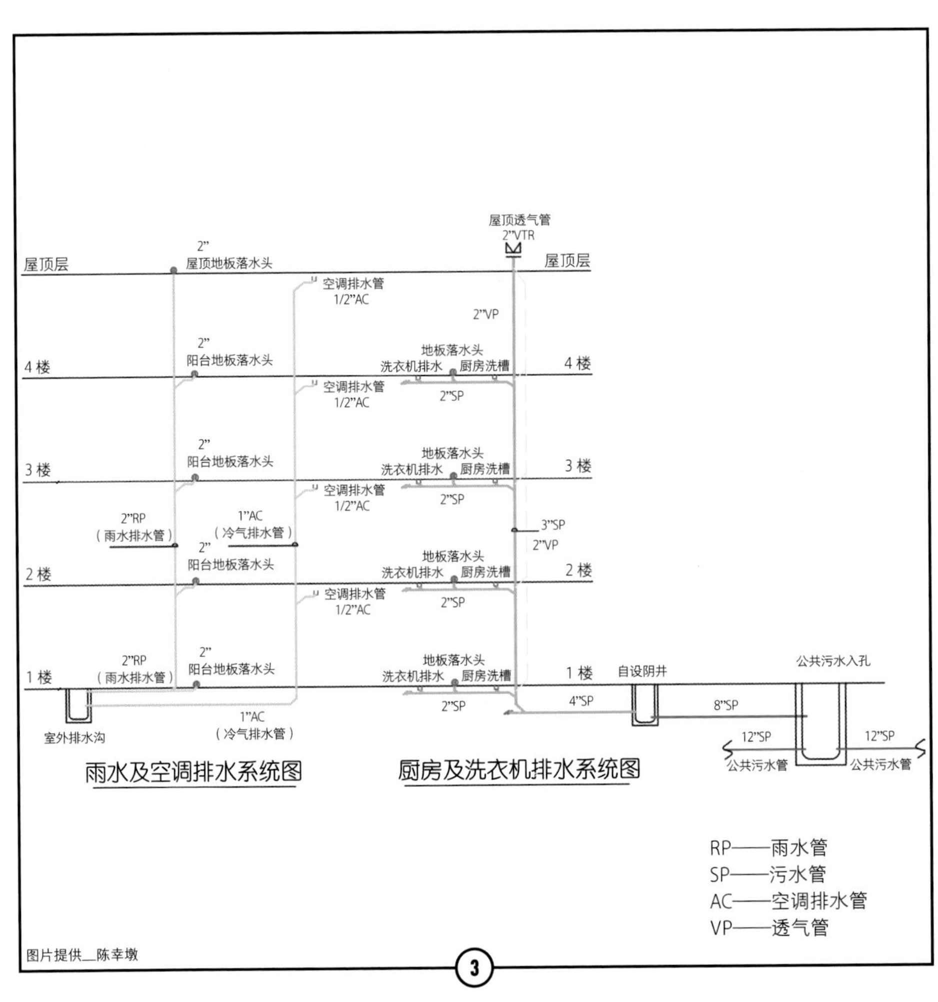

厨房与洗衣机的排水系统会接至社区的自设阴井，接着再流入公共污水管。

示范__陈幸墩

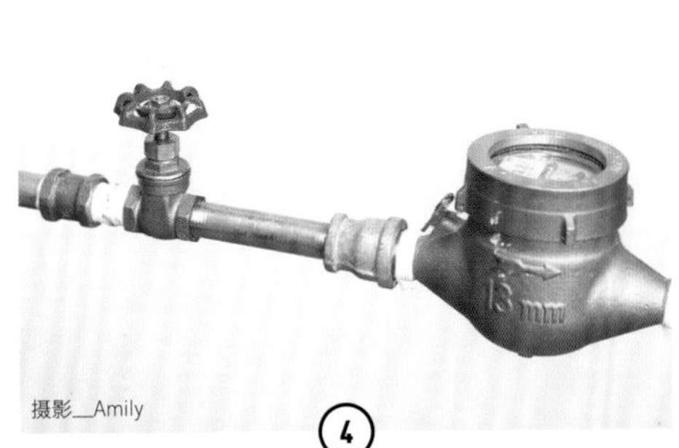

摄影__Amily

④

社区用水均是由顶楼水塔接至各户的，水塔与管路交接处会设置一个自来水表，来记录各家用水量。

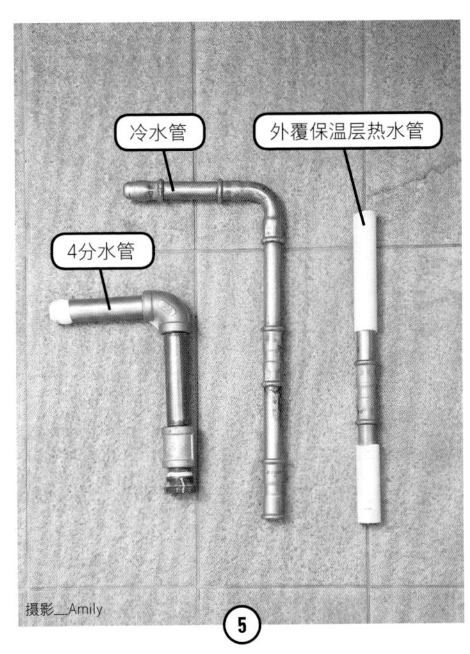

摄影__Amily

⑤

给水管线应选择不锈钢材质，图中由左至右分别为4分水管、冷水管及外覆保温层热水管。

专家小提醒

需多次尝试找漏水点，常常耗时耗工；抓漏必须采用分区测试的方法，有可能依经验判断很快找到问题点，但也可能试了一天也找不到漏水处，让师傅白忙一场，房主也不满意。

Q2.

漏水时怎么找问题？

专家解答

没有下雨，却发现自家天花板有水渍或滴水现象，即可能是水管有漏水现象，可以先用以下方法自行测试，并将观察结果提供给水电师傅，也可借此判断师傅是否专业。

（1）**给水管漏水**：24小时不间断漏水，为给水管漏水，可先关闭热水器下方的热水管开关，如漏水停止，即为热水管漏水。如关闭热水管后仍继续漏水，再将屋顶自来水总开关关闭，若止漏了即为冷水管漏水。（2）**浴室排水管漏水**：有人洗澡时才漏水，即为浴室排水管漏水。（3）**马桶漏水**：使用马桶冲水时才漏水，即为马桶漏水。（4）**厨房排水管路漏水**：厨房操作台排水时才漏水，平常不漏水，即为厨房排水管漏水。

TOOLS 材料、工具

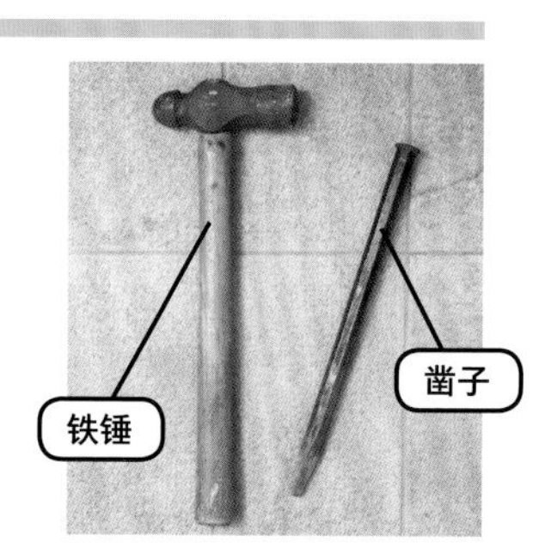

修缮步骤

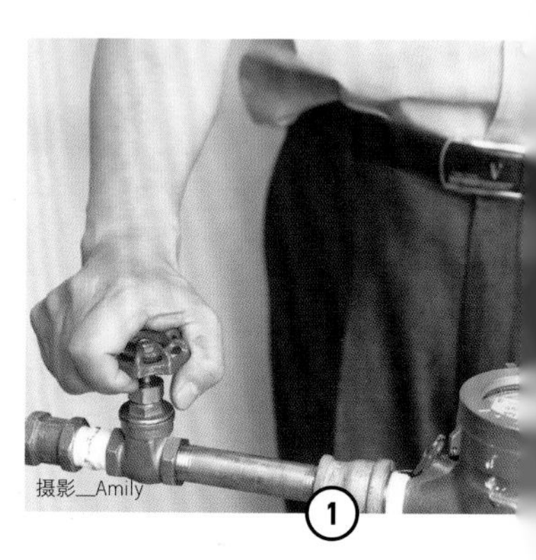

①

将屋顶自家自来水总开关关闭后，如漏水停止则表示是自家水管漏水；若怀疑是楼上住户，则需关闭楼上的开关来测试。

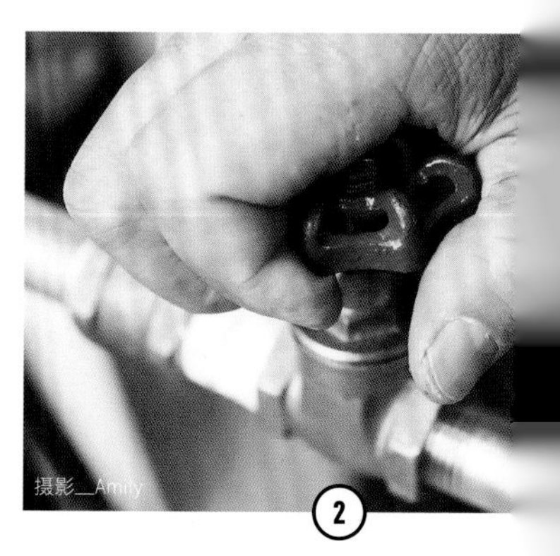

②

关闭自来水总开关时请依顺时针方向旋转即可关紧，开启则由逆时针方向转开。

示范__陈幸墩

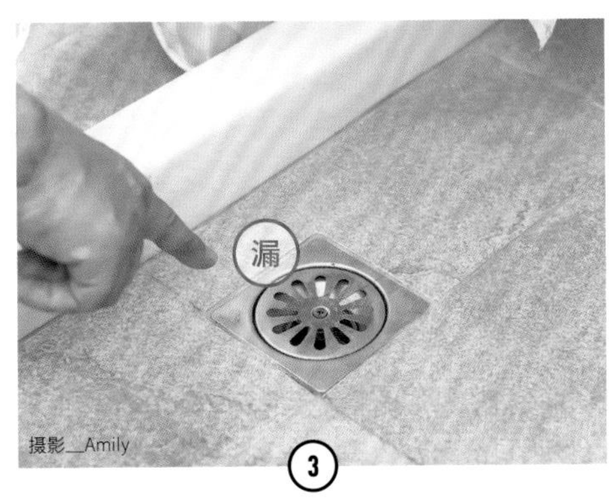

③ 只在有人洗澡或浴室用水时才漏水，即可判断是浴室排水管漏水。

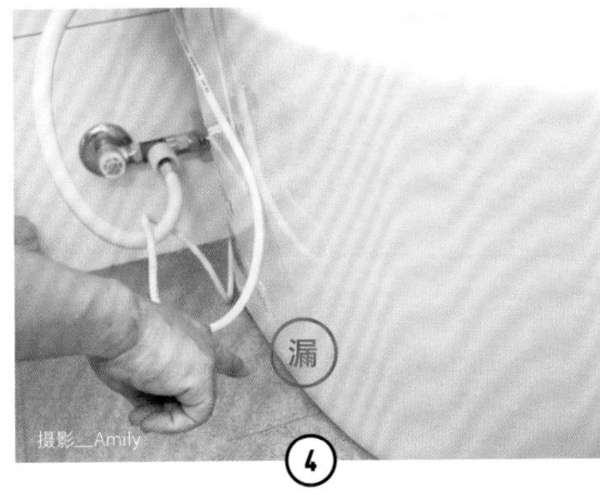

④ 冲水时才渗水，就是马桶漏水。

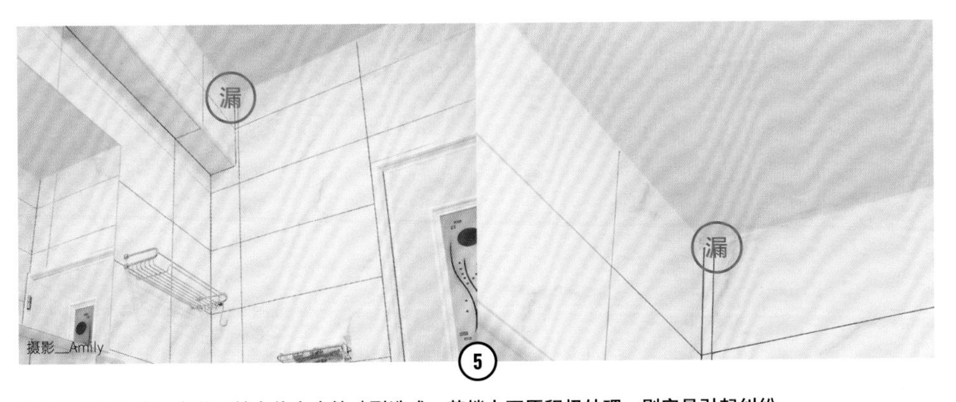

⑤ 发现天花板漏水，多数是楼上住户水管破裂造成，若楼上不愿积极处理，则容易引起纠纷。

Q3.

如何处理墙壁漏水？

专家解答

墙壁漏水原因除了水管破损，还有可能是水龙头接头处漏水。前者主要是给水管破损，其中又以热水管漏水概率较高；后者则会发生在水龙头与墙壁接合处，沿着墙壁漏出水来。首先判断漏水原因，确定原因后以凿子与铁锤敲开墙壁，找出漏水处。若是破损管线范围小，可在漏水管破洞处涂上防水胶做修补，干了后用水泥及瓷砖做墙面外观的复原施工。

TOOLS 材料、工具

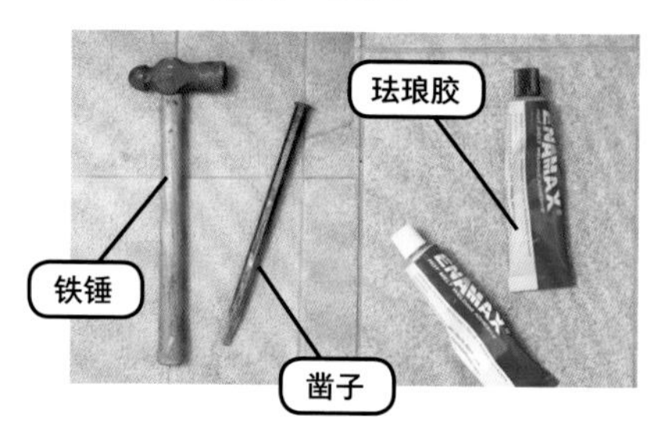

修缮步骤

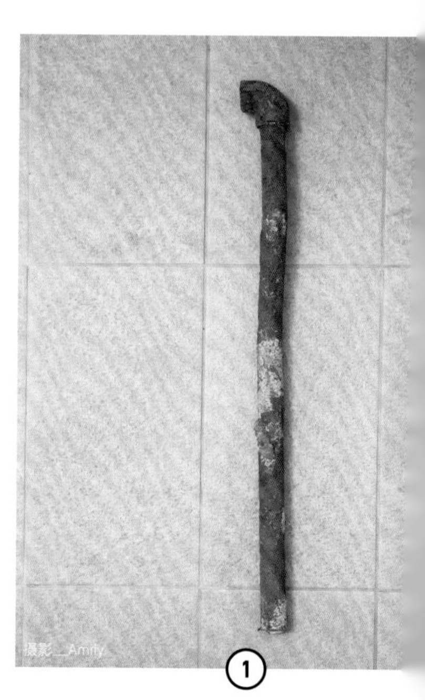

①

早期热水管为铁制管路，使用一定年限后会产生锈蚀及破损，是常见的管路漏水问题。

示范__陈幸墩

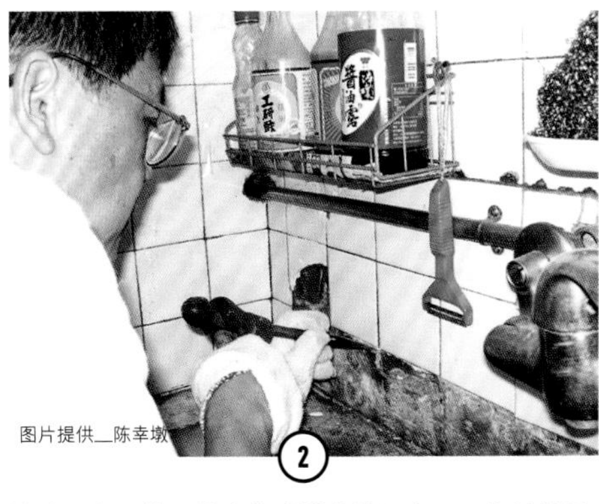
图片提供__陈幸墩

2

墙壁漏水可能是给水管或排水管漏水，可先判断漏水原因，再用凿子敲开墙壁。

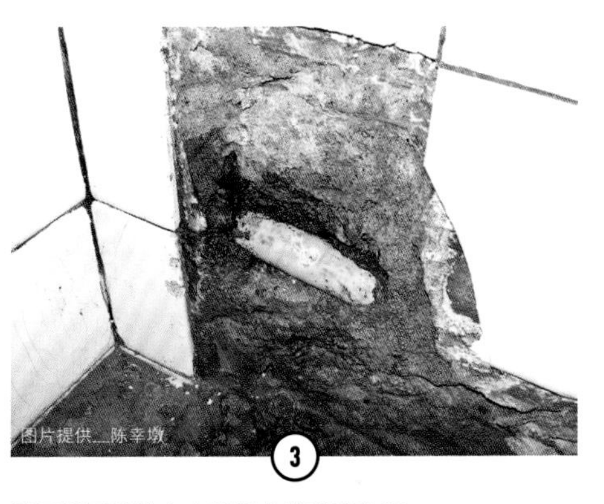
图片提供__陈幸墩

3

凿开墙面并找出水管漏水的准确位置。

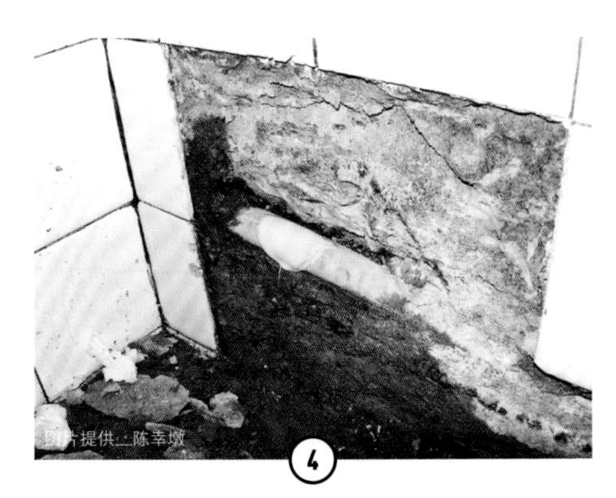
图片提供__陈幸墩

4

破损不严重者，可在漏水破洞处用珐琅胶涂在破损处做修补。

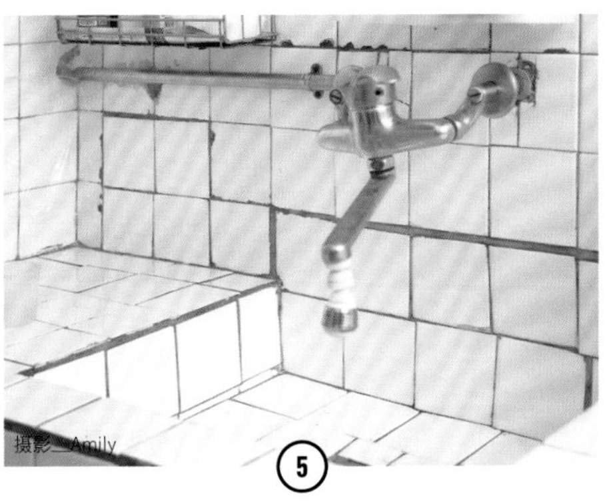
摄影__Amily

5

等待珐琅胶干了，再用水泥与瓷砖将墙面复原即可完成。

Q4.

遇到天花板漏水该怎么处理？

专家解答

自家水管多数是铺设在楼地板上，天花板内的水管路是楼上的，所以天花板漏水需先到楼上住户测试才能知道漏水原因，比较麻烦。

一旦漏水可先找出漏水原因。不过，由于上下楼层是共用同一片楼板，也无法擅自动工，为了避免与楼上住户产生纠纷，遇到天花板漏水建议最好请专业水电工处理，或是请第三方介入协调。

专家小提醒

有可能遇到楼上住户不愿配合，使施工的进度屡屡受阻。

修缮步骤

示范__陈幸墩

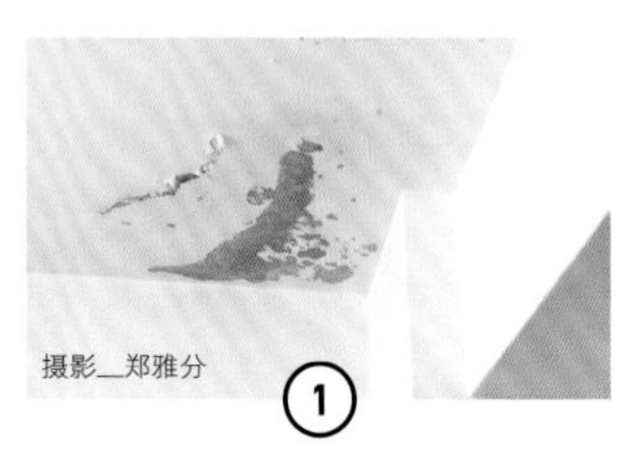

摄影__郑雅分

①

水管是铺设在地板上的，所以天花板有漏水现象主要是楼上的水管漏水，需请楼上住户协助处理。

摄影__Amily

②

若遇楼上住户配合度不佳，不愿让您到家里测试，可尝试于白天上班时间到屋顶将楼上住户总水表暂时关闭，如漏水逐渐停止了，即表示是楼上住户的给水管漏水了。

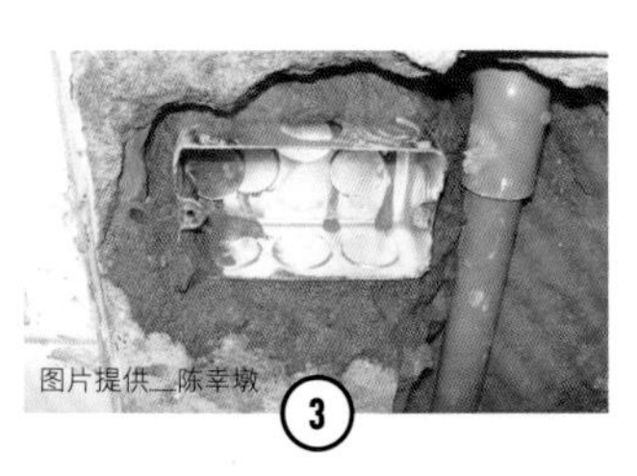

图片提供__陈幸墩

③

找出天花板水管可能漏水处，需敲开水泥修补；但若是不想破坏地板，也可舍弃原有管路，直接请专业师傅采用明管重设水路。

Q5.

浴室外墙漏水如何急救？

专家解答

浴室漏水可分为两种：若在室内的墙面漏水，主要还是从给水管或污排水管而来，可先判断出原因后，请专业厂商处理。但若是外墙壁面漏水则可能是因为雨水渗漏，可检查漏水处的内外墙是否有裂缝，如仅是轻微从窗沿渗入，可用硅利康补入，防止漏水。若只有下雨时漏水，可能是排水管漏水，可以检查排水管路是否堵塞或是破裂。

TOOLS 材料、工具

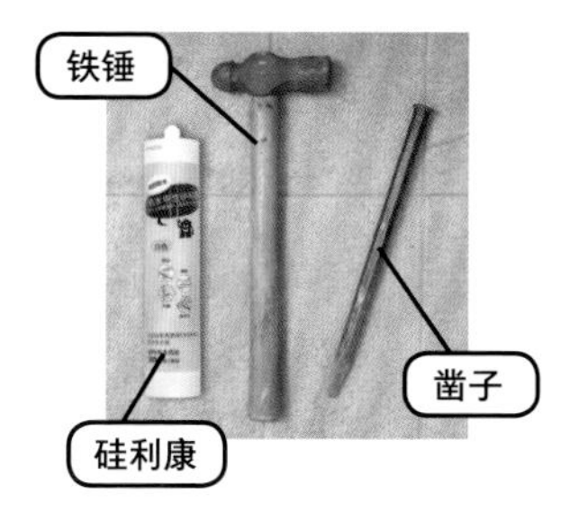

修缮步骤

示范＿陈幸墩

若是浴室室内墙面漏水，则应先判断是给水管或排污水管漏水。严重的话要更新水管，并用水泥让瓷砖重新复原，需要请专业厂商处理。

另外，墙漏水有可能是墙面有裂痕导致渗水，想要急救的话，外墙用硅利康从裂缝处补入，即可做初步的防漏工程。

Q1.

如何避免
阳台漏水？

专家解答

地面冒水和给排水管漏水两种情况多数出现在位于楼上的阳台曾装修过的房子，也可能因为以前的防水工程没有做好，而引起渗水。通常建议可先以目测的方式来判定可能的漏水原因；另外，阳台所处位置介于上下楼层之间，渗漏因素可能难以推断，建议由专家来协助处理，找出漏水源头，才能根治渗漏问题。

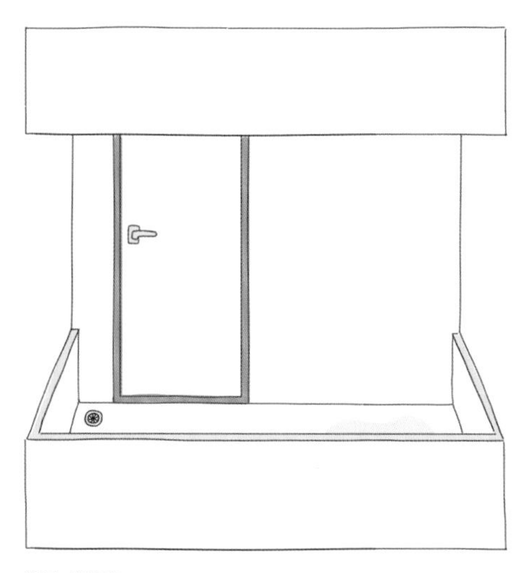

插画__黄雅方

阳台若有设置水槽或洗衣机，当排水孔与地面的泄水坡度没有做好，外来的水难以排除，出现裂隙时水就有可能会入侵，时间一长则破坏防水层，就可能渗漏至楼下。

修缮步骤

① 将洗衣机放在阳台或者利用空间种植花草，这些活动都会用到水，因此需要检查排水、防水是否做好。建议在安装给排水管、水龙头时，要预留好各种插孔，以便于埋设管线，并要将排水孔或集水沟设在四周，泄水坡度由中间向四周往下倾斜，坡度也要足够，避免时间久了地面凹陷导致排水不良，积水导致渗漏壁癌问题。

② 阳台天花板漏水，可能是上层住户的地板产生细缝，阳台雨水、地面排水等渗入楼下。这类渗水要从改善上层住户防水层着手，或是断绝水源，通常这类漏水情况改善费用需由上层住户承担；若是大楼外墙、楼层间隙漏水的情形，就要看各大楼物业的规定，如认为外墙属公共区域则由物业负责，反之则由住户协调如何分担改善费用。

图片提供＿采卡设计

当来自屋顶或阳台楼上的积水、溢漏问题严重，也会成为厨房、浴室漏水问题的因素之一。

Q2.

窗户关紧，强降雨来时仍然漏水怎么办？

专家解答

窗户是建筑物通风的开口，但铝窗与建筑体各属于不同属性材质，因此两个不同材质的接合处可能因施工不同而产生缝隙，此时遇到下雨，便让雨水“有机可乘”，从接合处开始渗入墙面，久而久之便形成难以补救的壁癌，若想防止壁癌情况发生，除了挑选品质优良的铝门窗，在做门窗工程时，要特别注意缝隙间的施工是否到位。

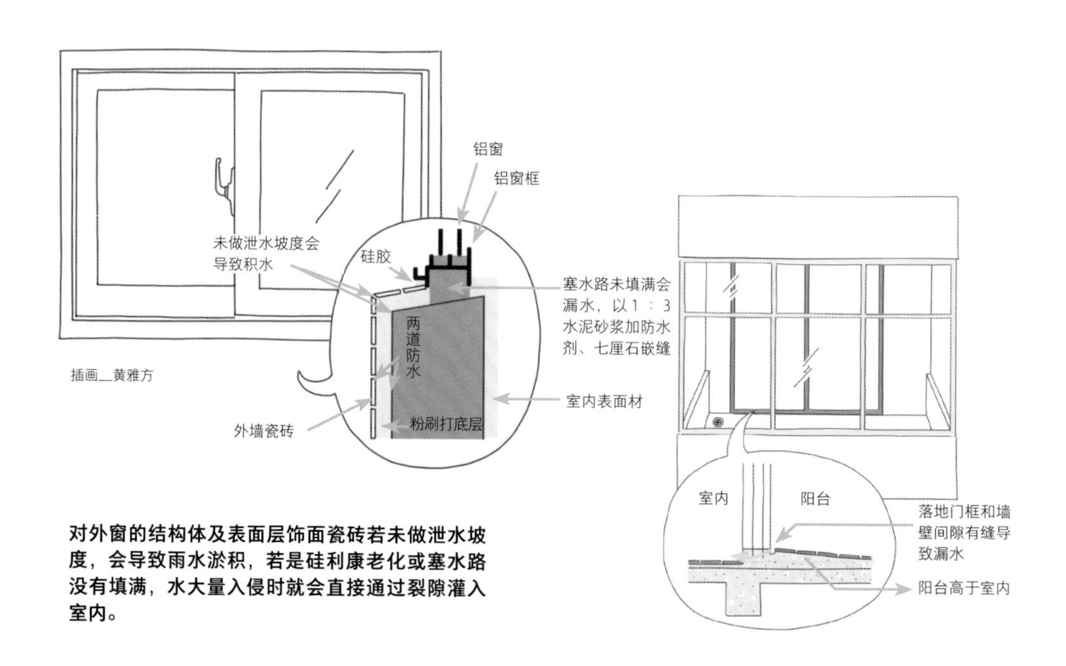

对外窗的结构体及表面层饰面瓷砖若未做泄水坡度，会导致雨水淤积，若是硅利康老化或塞水路没有填满，水大量入侵时就会直接通过裂隙灌入室内。

阳台的地面要低于室内，否则排水孔排水不及时或堵塞时，阳台的水就会淹入室内；而落地门铝框若与地面、墙面接合处如果未填满塞水路，水就会从缝隙处渗入。

修缮步骤

① 要注意玻璃与窗框的组合，是否有良好的气密、水密、抗风压及隔音效果，以及窗材是否具有防水、防锈等性质。“广角窗”能为室内引进良好的视野，但若玻璃雾化结露就煞风景了。施工上，广角窗的转角柱体较易渗水，因此要将顶端处预先密封后再施工。施作完成后，确认上下盖是否一体成型、窗体组合处有无隙缝、整体是否牢固不晃动等。

② “气密窗”品质的好坏较难用肉眼观察评测，建议以水密性、耐风压等指标选购。

左图为旧式铝窗框设计，可看出窗框底部的高低落差较少，挡水效果不足，容易从窗扇底部进水；右图为新式窗框，高低差较大，能有效防止雨水进入。

Q3.

厨房、浴室
漏水补救办法

专家解答

厨房和浴室为防水工程施作重要的部分。一般来说，新房子产生漏水的可能性较低，老房子使用年代久，较容易产生水管老化破裂或是翻新时不慎影响结构等问题，造成漏水情况。建议施工时一定要做好防水测试，确认无漏水，才算完成施工环节，否则一旦渗水，不仅防水工程要重新来过，波及邻居住户，更可能要承担相关法律责任。

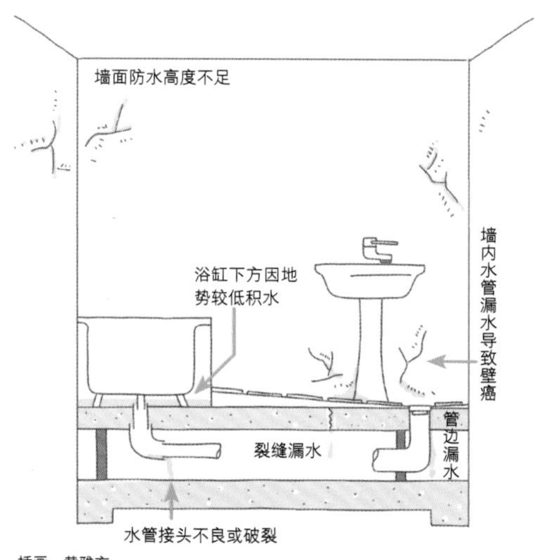

插画＿黄雅方

浴室和厨房的防水层施工范围包含地面及墙面，施工的面积除了地面需全面做防水层外，墙面的部分则可视用水情况施工。一般有淋浴设备的浴室空间建议至少需从地面往上做180～200厘米的防水层，若浴室是以砖墙隔间时，防水层必须从底部至天花板做满为止；厨房防水层则为90～120厘米。

浴室施工上通常是以弹性水泥在贴砖前预先做至少两层防水层，而目前厨房空间皆以现代化的厨具为主，较少有刷洗墙面、地板的必要，所以防水层的施工通常以弹性水泥在贴砖前预先做一层防水，就可达到基本的防水目的。

修缮步骤

① **室内外墙面清理干净**

将内墙有脱漆部分刮除干净，也要一并处理渗水的室外墙面，同样将有脱落的油漆刮除干净。

② **静置约7天让墙面干燥**

静置约7天，主要是让室内墙完全干燥。

③ **修补室外墙面**

由于外墙有裂缝引发室内墙漏水，因此在清除外墙脱落油漆面后，需要以无收缩水泥对墙裂缝进行填补。

④ **刮腻子使墙面平整**

以抹刀将腻子涂至墙面，让其达到平整效果。

⑤ **外墙涂上防水涂料**

外墙部分要涂上防水涂料，防止水再次入侵。

⑥ **内墙涂上涂料**

内墙静置时间到后，再重新粉刷室内涂料即可。

图片提供_朵卡设计

浴室若有漏水，最易在浴室外墙上观察到，而且漏水时，说明浴室墙面防水不良，时间一久，外墙就可能出现壁癌。

Part 4

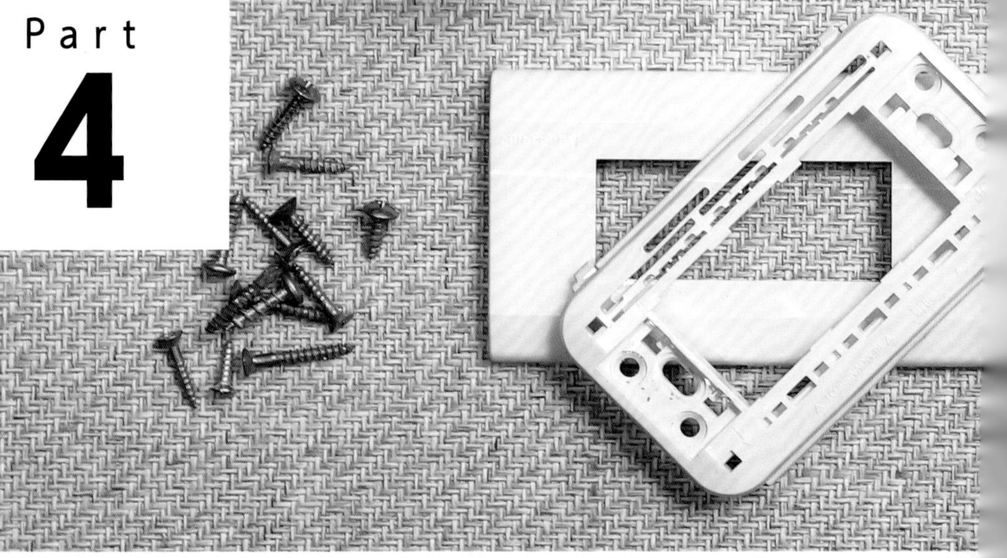

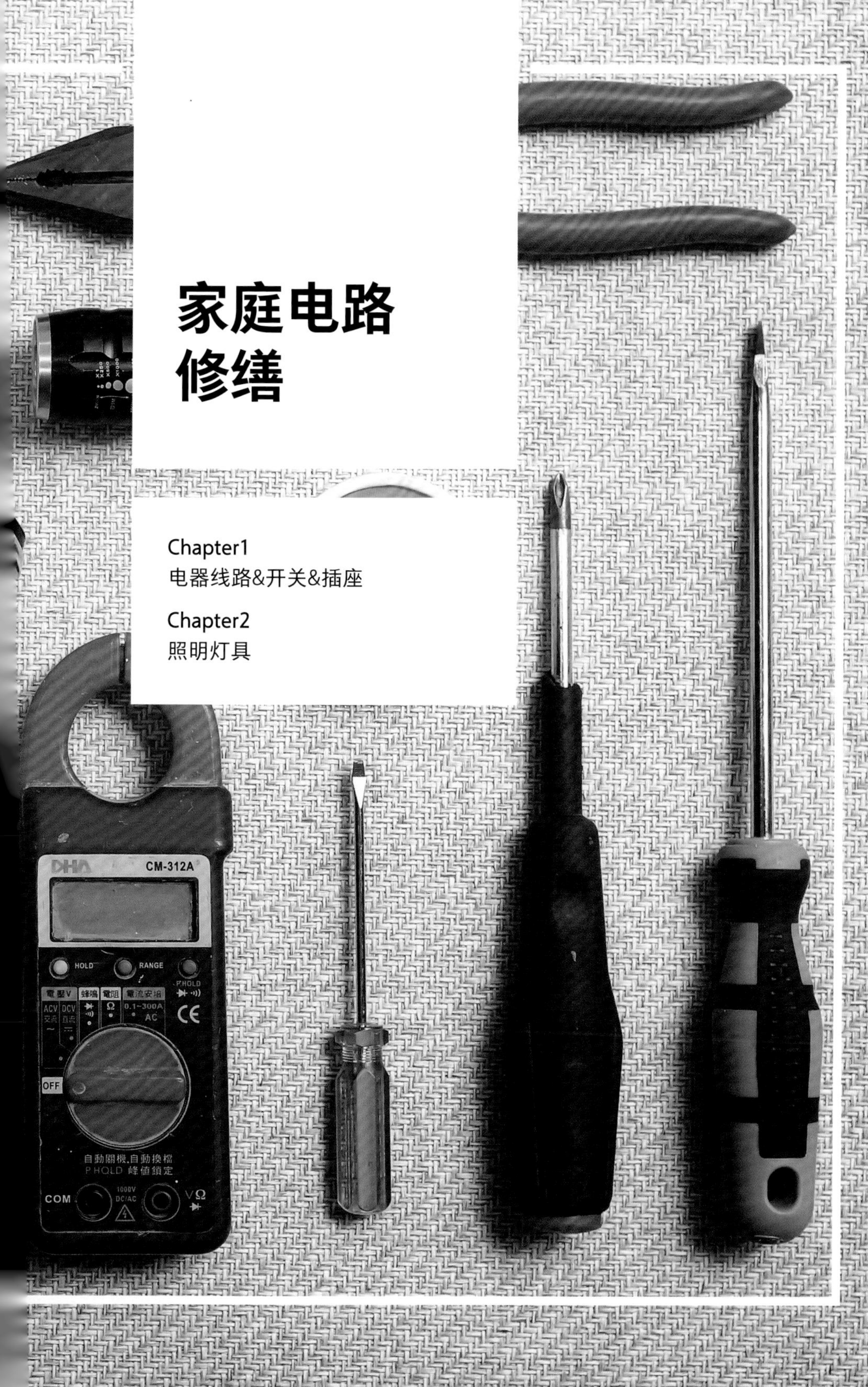

家庭电路修缮

Q1.

如何正确使用万用电表?

专家解答

万用电表，就是三用电表和钳形表的结合，可以告诉你电路中任两端之间的电压差，也能告诉你有多少电流经过，借此找到接线出错的地方，也可以评估某个物件需要使用的电阻或电容，后者也代表物件储存电荷的能力。除此之外，一般大家熟悉的电压为110伏和220伏，可以借由万用电表测试总开关处的电流量是否正常，自行在家做简易检测。万用电表可同时检查电压和电流，三用电表测试的是电压的稳定度，钳形表则是测量电流，检测用电量是否已经到封顶。

TOOLS 材料、工具

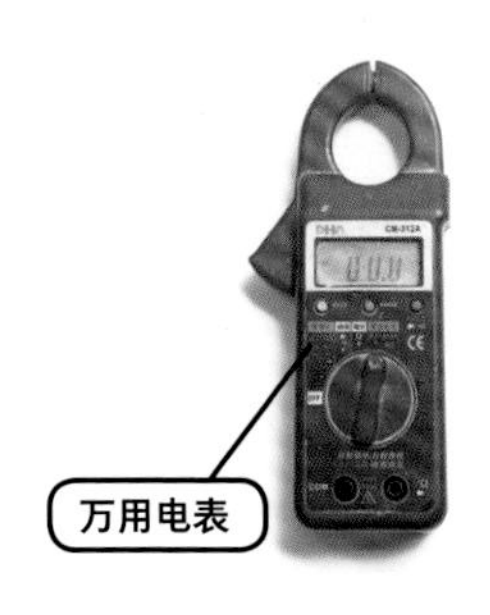

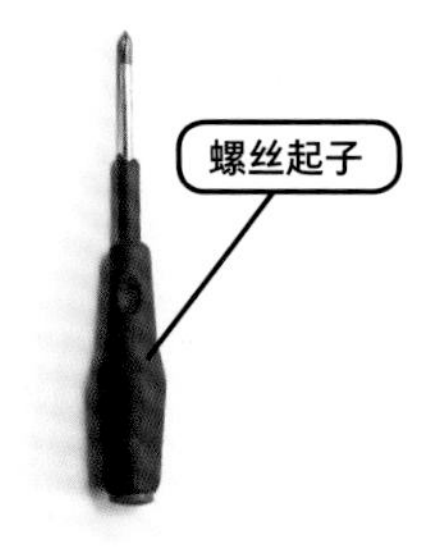

修缮步骤

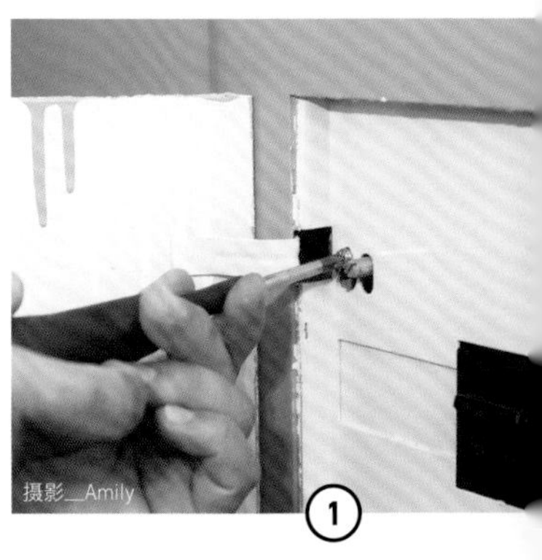

打开家中的电源总开关盖板，并用螺丝起子拆除板上四个角落的螺丝。

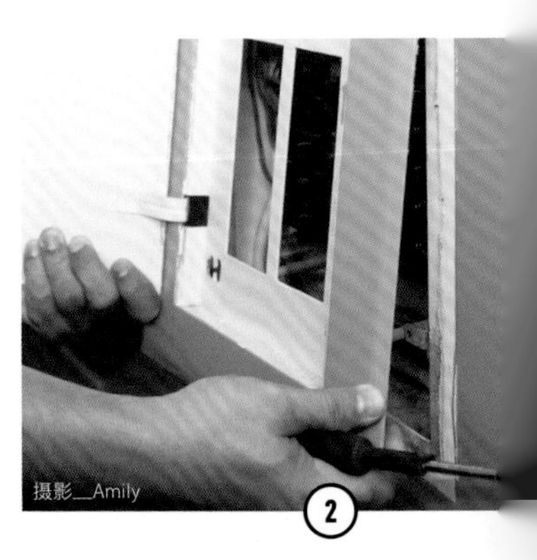

将覆盖在总开关上的面板拆卸。

示范__廖荏锋

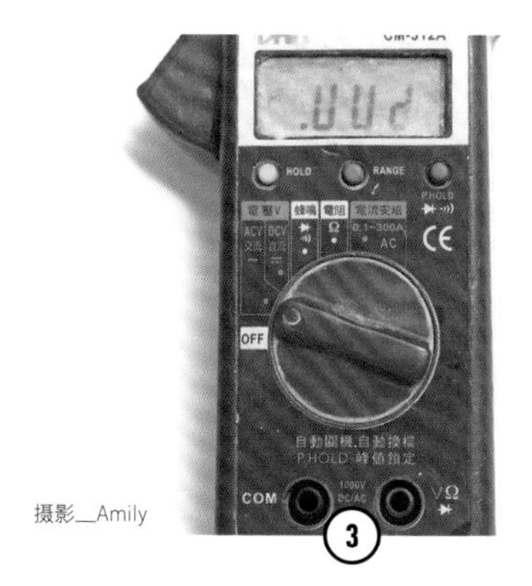

摄影__Amily

③

将万用电表转到“电压V”的ACV处，测量电压值。

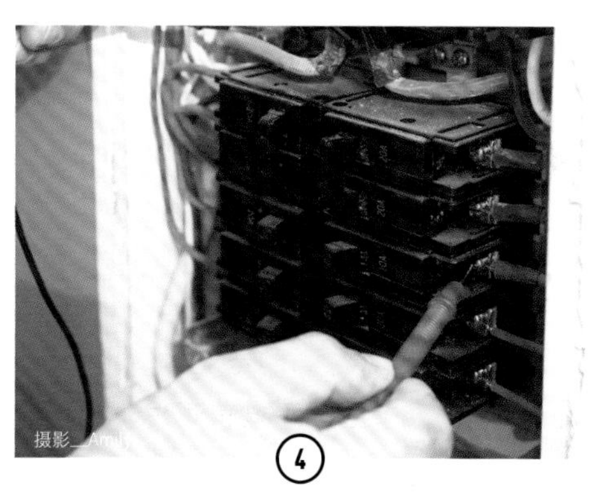
摄影__Amily

④

因为电流是双向的，将红色线压在测量开关的螺丝边处，另一条随意放在任何一条电线上，造成双向电流，才能测试到电压值。

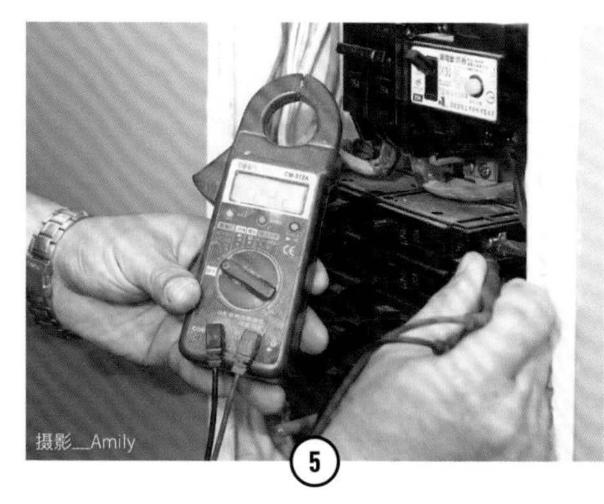
摄影__Amily

⑤

面板上出现的数字即为电压值。

专家小提醒

110伏和220伏的电压，在测量时，只要数值不超过±10伏，都算正常数值。但如果过低或是过高，就代表电压出了问题，要找水电师傅做进一步检测。

Q2.

突然停电了！如何检查和维修？

专家解答

总开关的每个开关上都有标示电流，比如“20安”，就代表这个开关所能负载的电容量。当家中发生跳电情况时，代表电容量超过负荷，先将最后一个使用的电器插头拔除，然后到总开关处检查最后一个使用的电器相对应在总开关处的开关位置，再利用万用电表的钳形表功能，检测电流是否过高。如果过高，代表容易跳电。

TOOLS 材料、工具

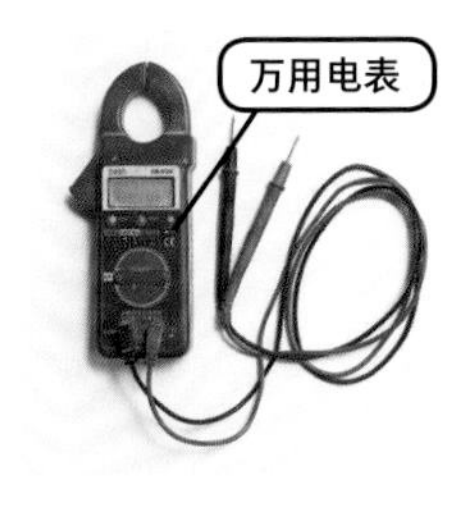

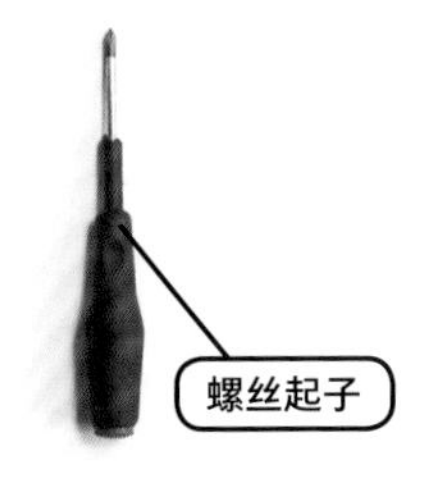

修缮步骤

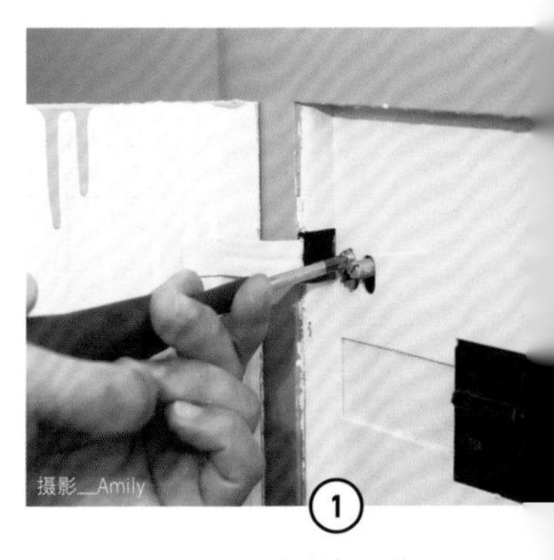

打开家中的电源总开关盖板，并用螺丝起子拆除板上四个角落的螺丝。

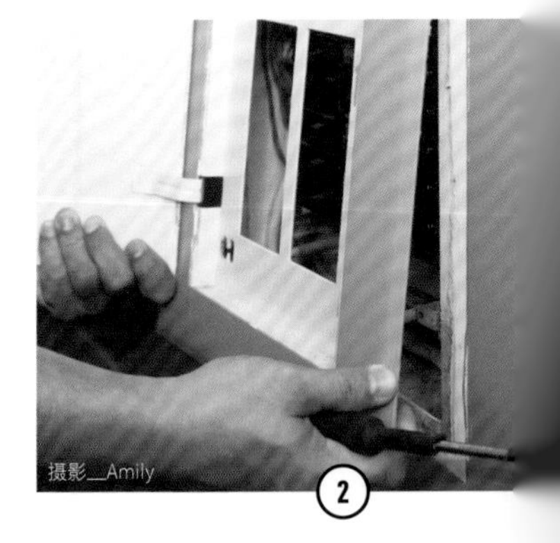

将覆盖在总开关上的面板拆卸。

示范__廖荏锋

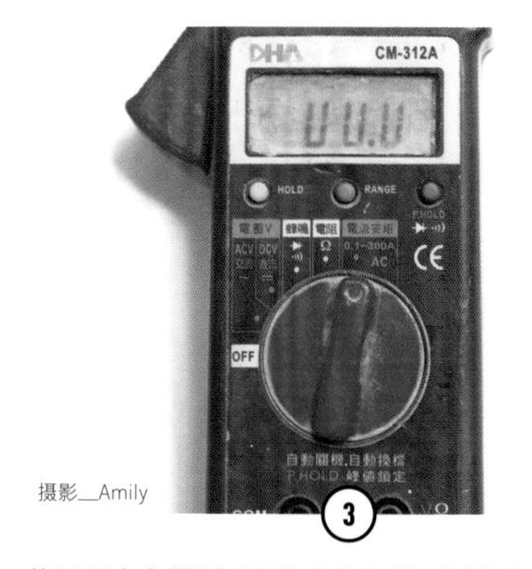

摄影__Amily

3

将万用电表转到“电流安培”处，测量电容量。

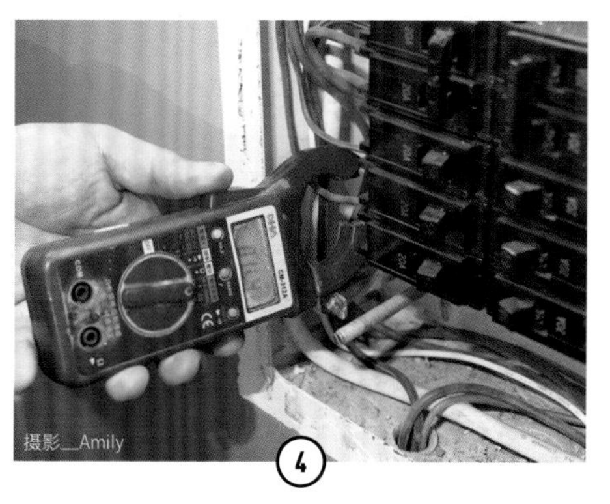
摄影__Amily

4

按压钳形表的按钮，选定要测量的开关处所连接的电线。

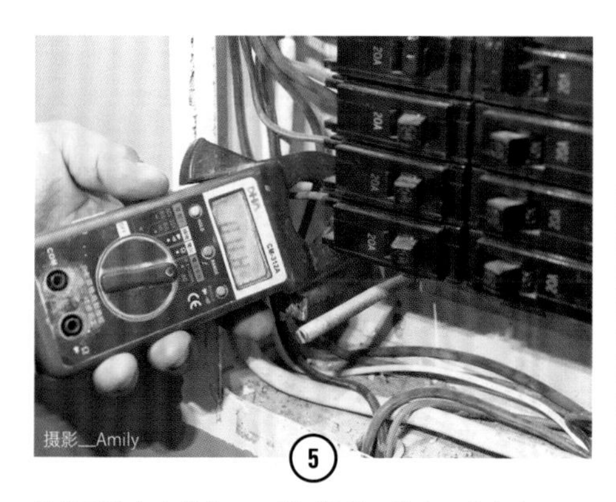
摄影__Amily

5

将钳形钩在电线上，可以测得此开关当下的电容量。

专家小提醒

因为电流是用来检测每个总开关处的开关所负载的电容量，建议可以在家自行测试每个开关相连的电源来源有哪些，就能知道每个插座是相连到哪一个开关上。

Q3.

如何检查漏电装置，维护用电安全？

专家解答

通常总开关上都附带着“漏电断路器”，用来保护电器设备。当发生微小漏电时，能瞬间将电源自动跳脱断电，防止人员受到电击或导致设备烧毁，是避免火灾的一个电器安全装置。建议最好一个月进行一次测试，确认设备的使用状况正常，维护居家安全。如果家中的总开关没有安装漏电断路器，为了居家平安，建议一定要找师傅来安装。

修缮步骤

摄影＿Tina

①

打开电源总开关，都会看到这个漏电断路器。

示范__廖茌锋

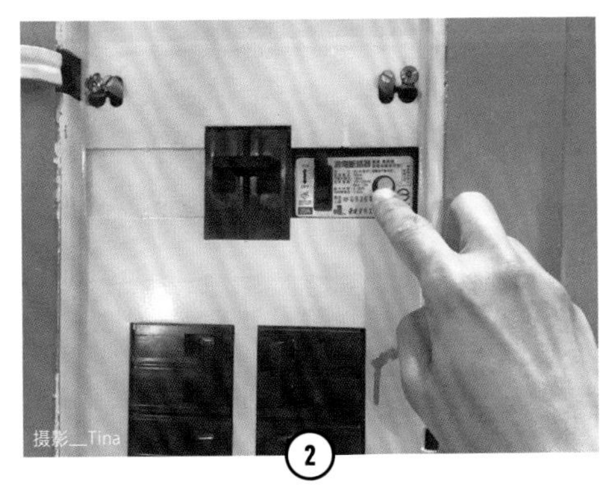

摄影__Tina

2

按下黄色的按钮做检测。

摄影__Amily

3

如果漏电断路器使用正常，会自动跳电，左边的按钮会落到OFF处。

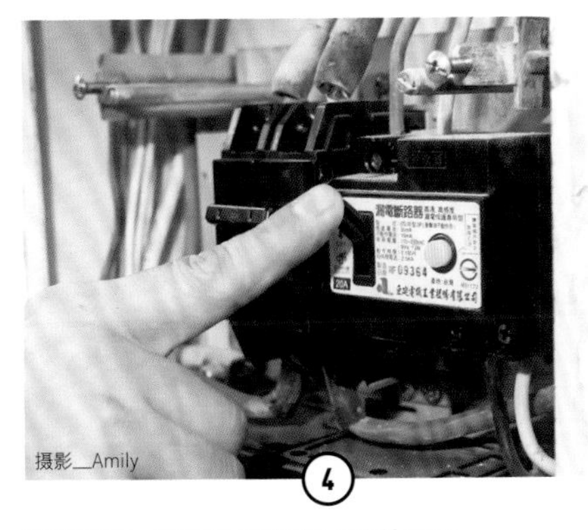

摄影__Amily

4

测试完毕，将黑色按钮按回ON处即可。

专家小提醒

漏电断路器衔接的回路通常只安装在指定回路上，比如厨房、浴室、阳台等容易潮湿的回路上，一般室内的插座则不建议使用，因为有些电器本身会微漏电，比如笔记本电脑。而漏电断路器太过灵敏，就容易跳电，反而造成困扰。

Q4.

如何更换插座面板?

专家解答

家中的电源插座，如果发现没有过电、电源插座有移位或是盖板发生变形，代表电源插座坏了，为了维护用电安全，必须尽快更换。更换电源插座时，建议先从总开关处关闭更换的回路总开关，以保安全。更换时，记住相关位置，按序插换电线。

TOOLS 材料、工具

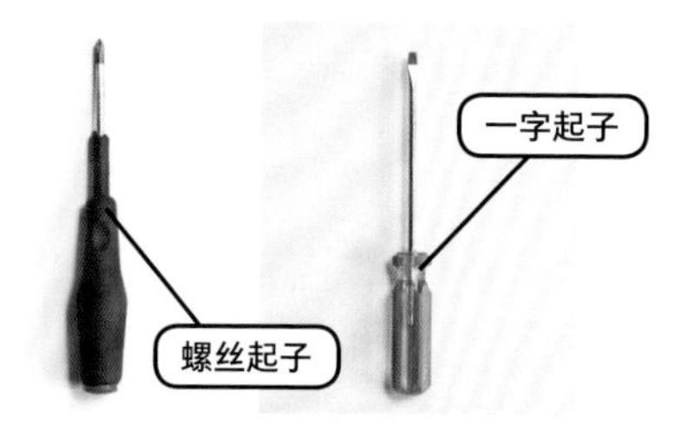

修缮步骤

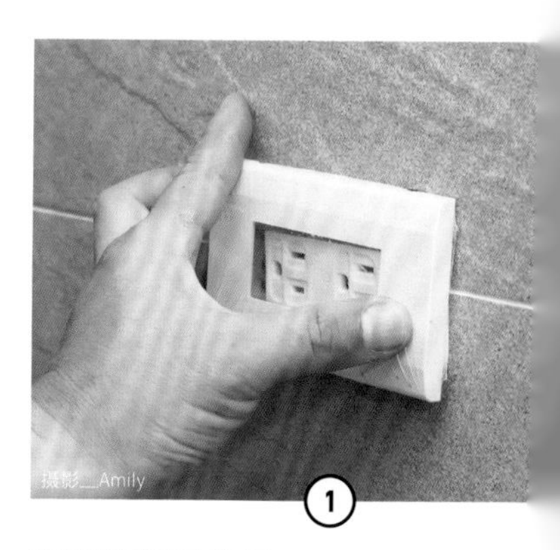

拆下插座的面板外壳。

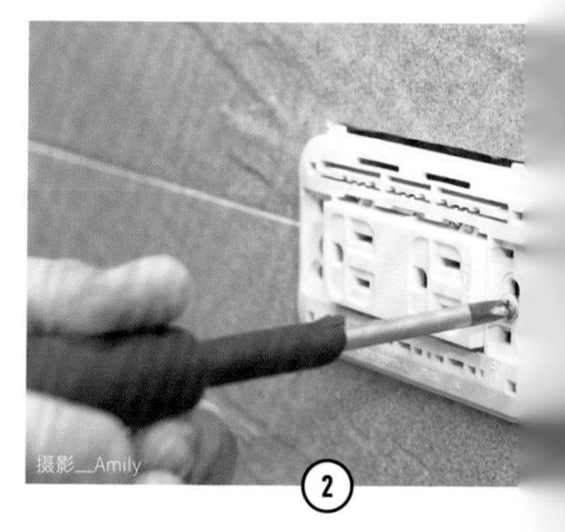

用螺丝起子将固定面板的螺丝拆卸。

示范__廖荏锋

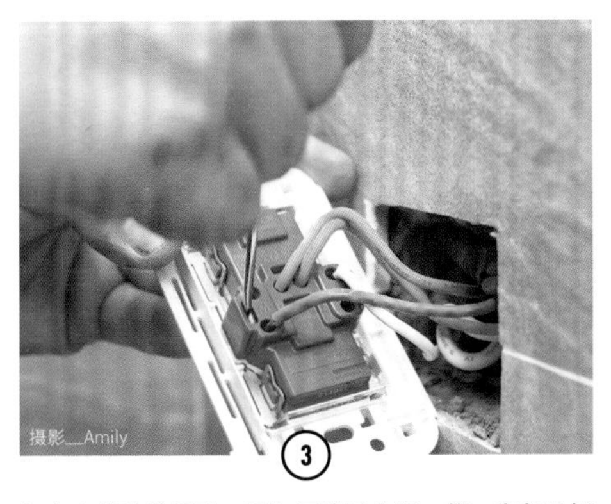
摄影__Amily

③ 红白电线旁的洞孔，是为了松开电线，将一字起子插入类似按钮的装置，方便拿取电线。

摄影__Amily

④ 绿色电线旁也一样有松开电线的装置，用一字起子插入，松开电线。

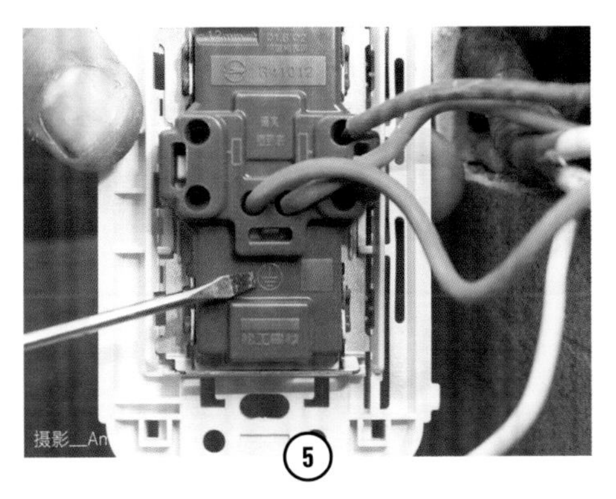
摄影__Amily

⑤ 更换插座时，绿色的是接地线，一律安装在中间的洞孔，红白线则安插在两侧，白色线最好是插在标注W的那一边，红色线则在另一边。电线务必确实插到底，以保安全。

专家小提醒

涉及用电有关的维修时，务必关闭总开关，电线安装时也要专心谨慎，避免装错线产生的电线走火情况。最简单的更换技巧就是拆一条接一条，能确保电线都在正确位置上。

Q1.

自己也能换灯管，装电灯！（更换环形日光灯管）

专家解答

换日光灯管看似简单，但很多人还是不会，甚至有时出现日光灯故障，一闪一闪的，其实只要将日光灯启辉器换掉就好，不需要换灯管，但是有些人连日光启辉器是什么都不知道！安装吸顶灯也非常简单，只要按照步骤执行，几乎人人都能完成。

TOOLS 材料、工具

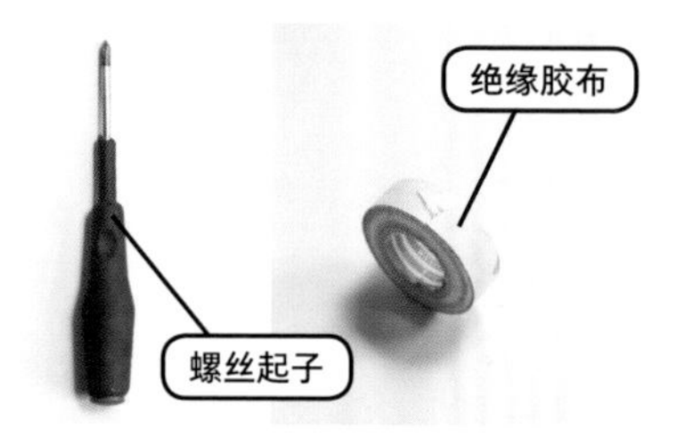

Key 环形日光灯管常出现于浴室的小型吸顶灯中，因为潮湿，故障率也很高，发生故障时该如何修缮？

修缮步骤

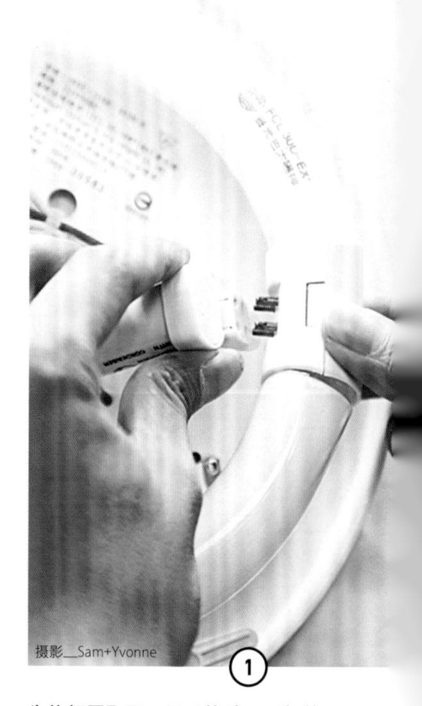

先将灯罩取下，用手拔除环形灯管上与启辉器连接的连接线。

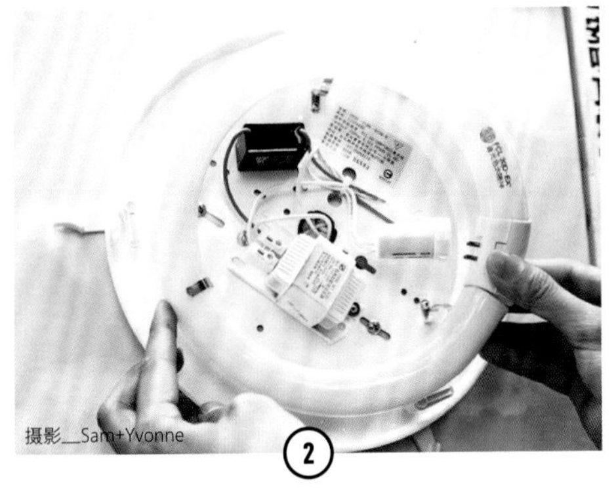

②

直接将环形灯管从三个金属固定环上拔除。

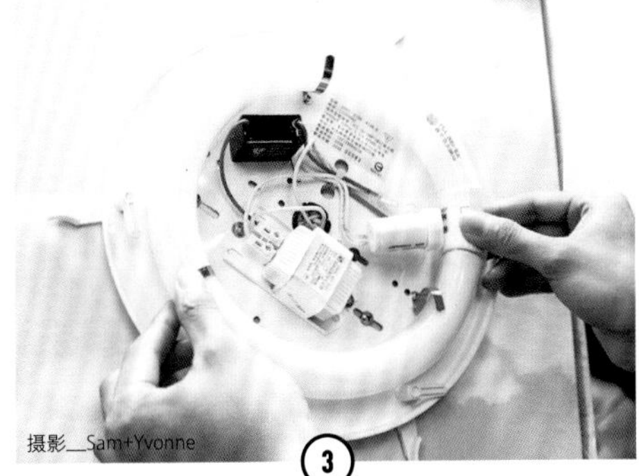

③

取一个全新的环形灯管卡入金属固定环。

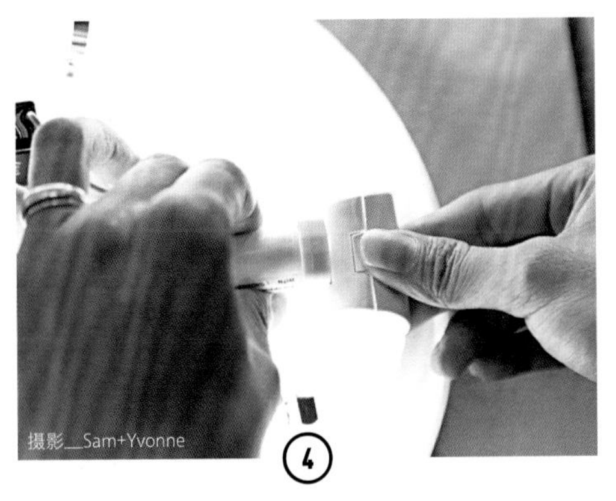

④

如果启辉器有故障，也可在这个时候顺便将启辉器更换。

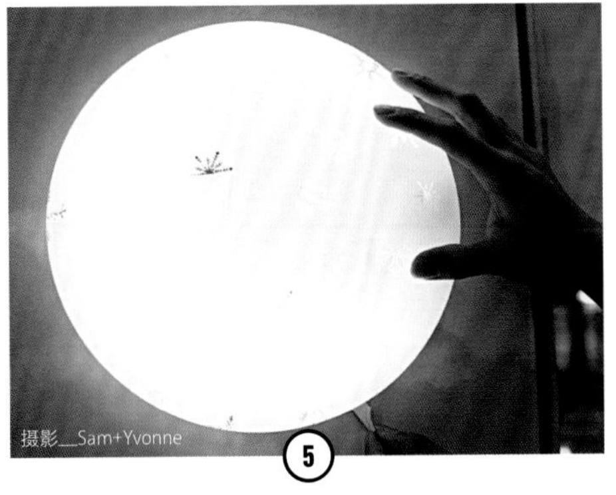

⑤

最后将连接线插入环形灯管，装上灯罩即可。

Q2.

自己也能换灯管，装电灯！（更换日光灯管与启辉器）

Key 日光灯管用久了两端发出橙红色的光，且不停闪烁，或两端出现烧黑的现象，就表示灯管坏了。

修缮步骤

① 关闭电源，握住灯管旋转90°后，将灯管转至缺口即可取出。

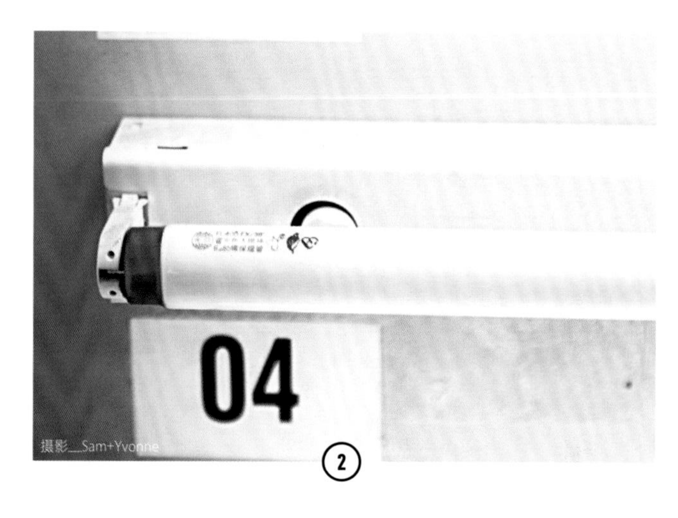

② 装新灯管时，先将灯管一端的两根接点插入灯座中，并向外推挤，再用手指将另一端的灯座稍微压入即可装上。

Key 日光灯需通过启辉器来点亮，开启后会有一段闪烁时间，若使用价格较高的瞬间启辉器就可在开启电源后0.1秒内点亮日光灯，减少灯管的消耗。

修缮步骤

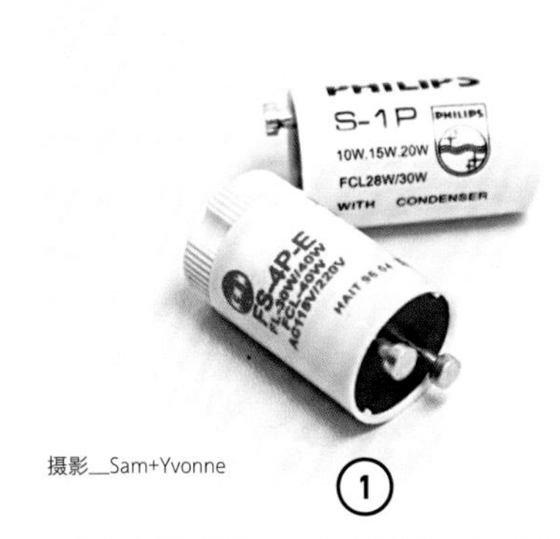

摄影__Sam+Yvonne

①

1P的启辉器或瞬间启动器适用于10～20瓦直灯管或30瓦的圆灯管；4P的启辉器或瞬间启动器则适用于30～40瓦的直灯管或40瓦的圆灯管。

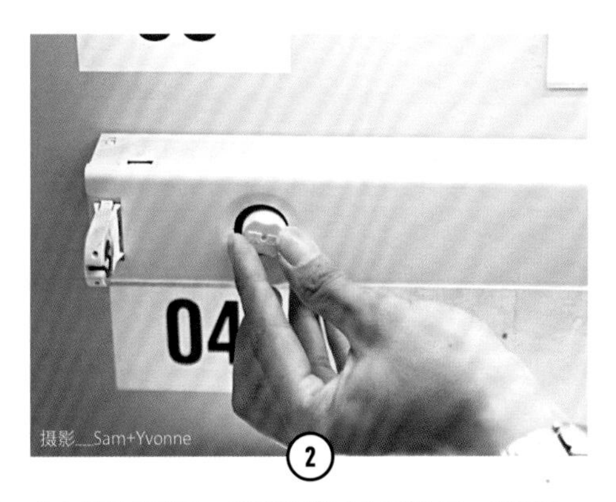

摄影__Sam+Yvonne

②

向左旋转启辉器，脚座对准2个圆形缺口，拆下旧的灯管启辉器。

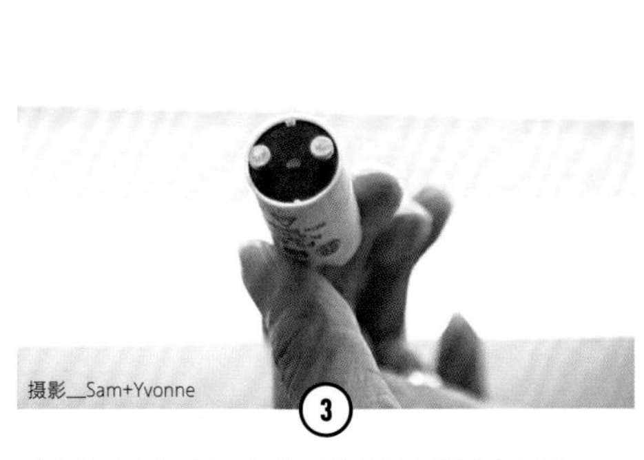

摄影__Sam+Yvonne

③

对准2个圆形缺口，以相同方式装上新的启辉器。

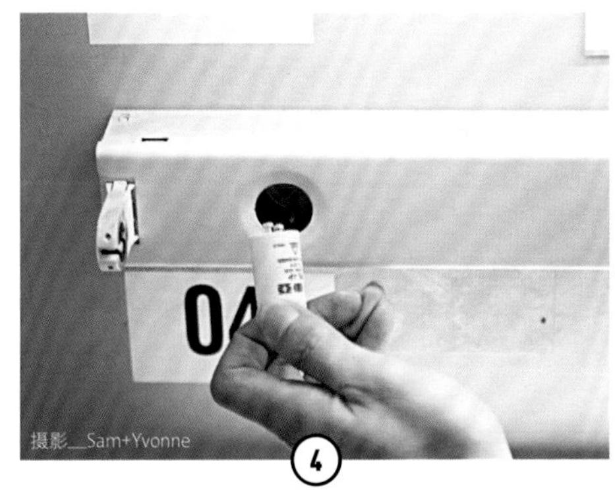

摄影__Sam+Yvonne

④

并向右转紧固定即可。

Q3.

自己也能换灯管，装电灯！（安装吸顶灯）

Key 吸顶灯简单轻巧，很容易完成安装，非常适合小空间或天花板不高的地方。

修缮步骤

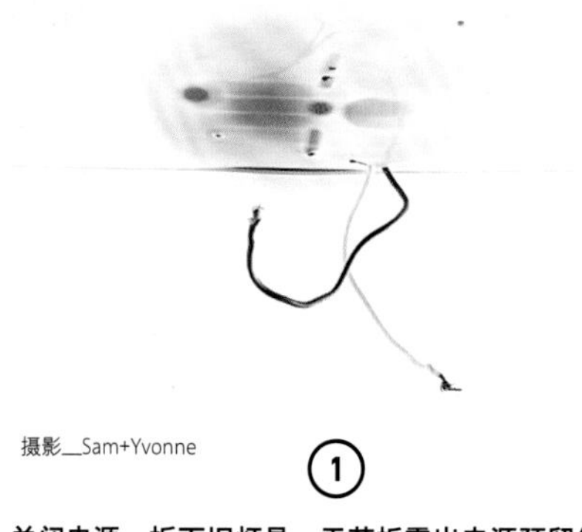

摄影__Sam+Yvonne

①

关闭电源，拆下旧灯具，天花板露出电源预留线。

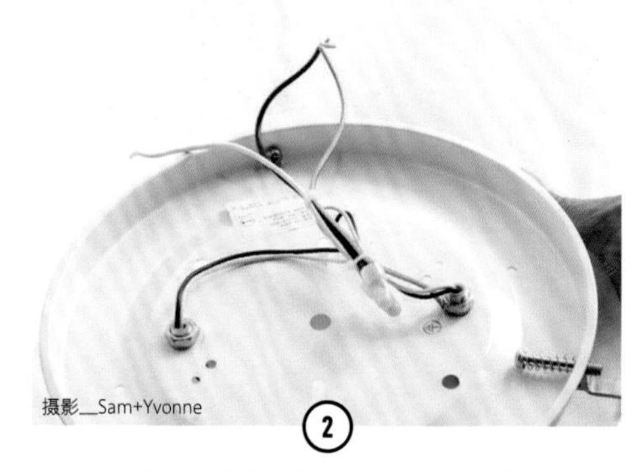

摄影__Sam+Yvonne

②

吸顶灯底盘各有黑白一组线，分别为电灯的两组连接电源线，绿线为接地线。

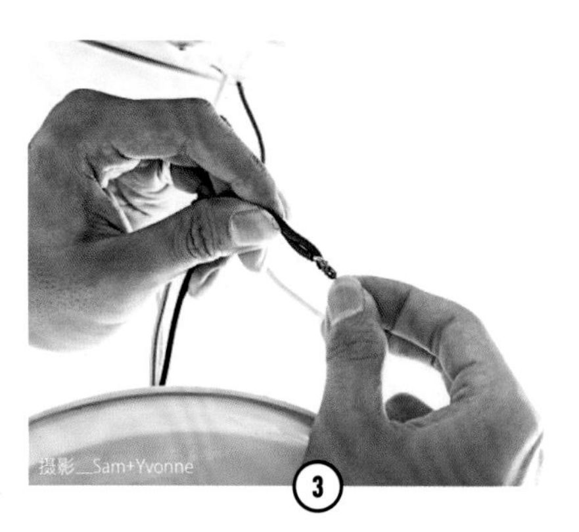

摄影__Sam+Yvonne

③

黑线一组、白线一组接线方式。

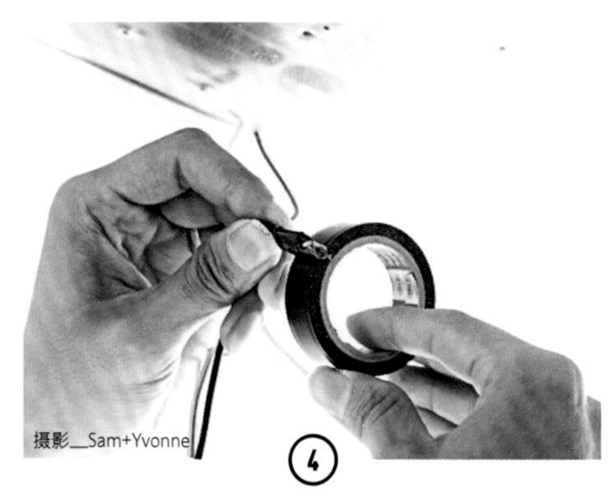

摄影__Sam+Yvonne

④

分别将电源线连接好后，用绝缘胶布将电线裸露部分包起固定。

摄影__Sam+Yvonne

5

分别连接到天花板上的电源预留线上。

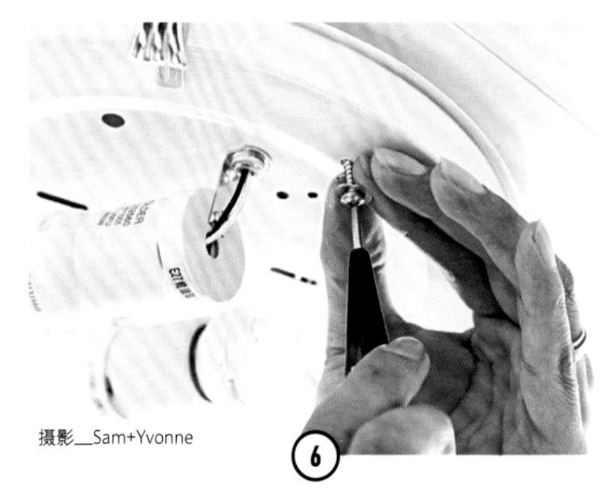

摄影__Sam+Yvonne

6

用螺丝起子将吸顶灯底座锁在天花板出线盒的螺丝固定座上。

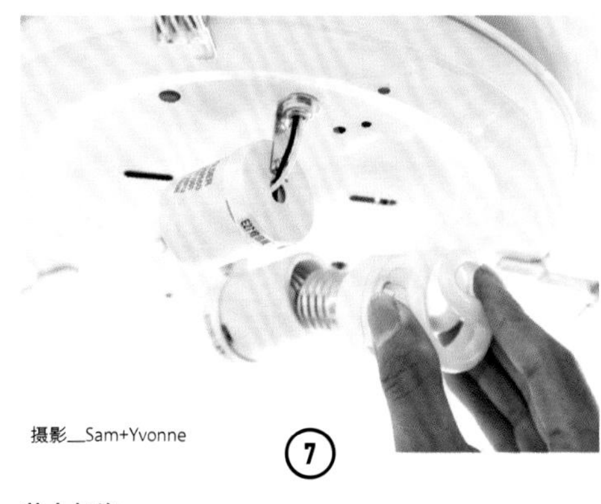

摄影__Sam+Yvonne

7

装上灯泡。

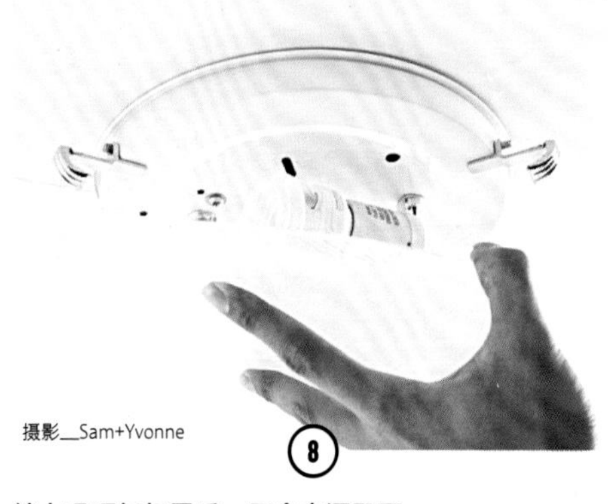

摄影__Sam+Yvonne

8

锁上吸顶灯灯罩后，开启电源即可。

Part 5

厨卫设备修缮

Q1.

如何解决吸油烟机转动时出现的怪声？

专家解答

家常菜重热炒、慢炖，大部分会有油烟伴随产生，吸油烟机也因此成了中式厨房里不可或缺的电器。但若是机器在运转时出现杂音，不仅影响做菜的心情，也让人担心机器内部是否有损坏故障。在此不妨先利用以下几个方法检查一下机器，若能顺利解决怪声，也能省下高额的修理费用。

TOOLS 材料、工具

修缮步骤

摄影__Amily

①

先将截油罩上螺丝松开并取下。确认风扇叶片轴心是否有松动和偏移，导致摩擦产生声音。

示范__陈幸墩

摄影__Amily

②

观察风扇叶片外围的叶轮上是否油垢太多，造成与机器周边触碰时有杂音。

摄影__郑雅分

③

吸油烟机长时间未使用，异物或昆虫卡在风管也可能出现杂音；检查后若未发现以上现象，怪声却无法消除，则需请专业人士来检修。

专家小提醒

可能仅是脏污造成，但仍需基本收费；师傅需另外约定时间，有时需等待多日，但拆开机器发现非机器故障，只是污垢造成的问题。

Q2.

如何解决燃气灶火点不着的问题？

专家解答

你是不是也有过想要烧开水但是燃气灶上的火却一直点不着呢？除了检查燃气供应是否正常外，还有可能是什么原因呢？最常见的情况可能是点火针受到污染，如汤汁滴溅后无法正常放电；其次就是焰孔长期未清理，堵塞导致燃气不能正常供应。

TOOLS 材料、工具

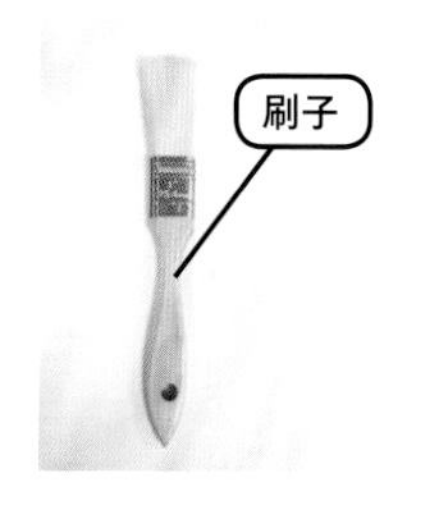

修缮步骤

先将燃气灶上的架子移开，找到点火针后用刷子刷拭干净。

示范__陈幸墩

检查灶头上是否有积碳堵塞。

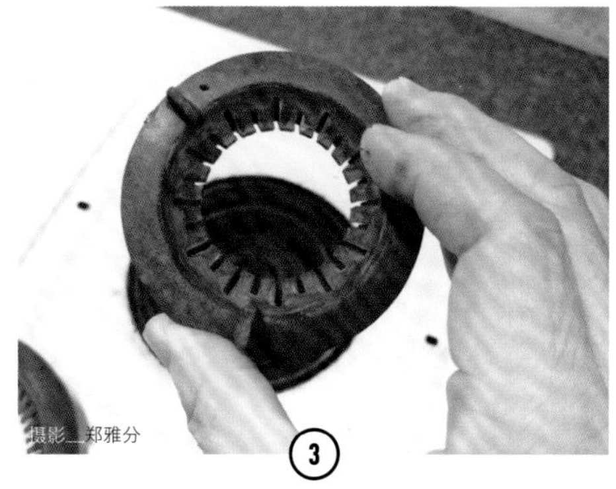

再将焰孔盖板也用刷子刷干净。

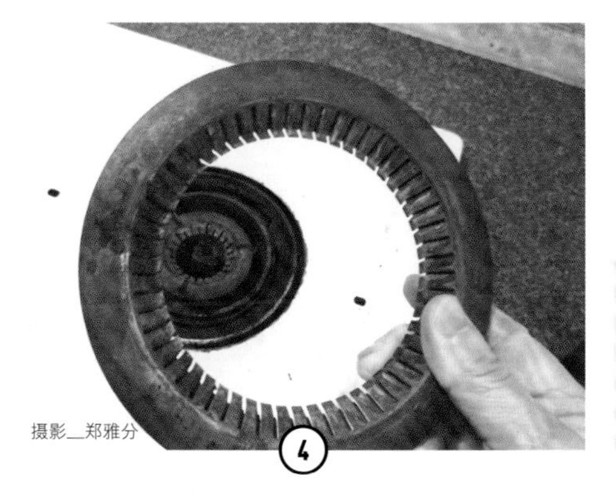

外围的焰孔盖板同样要刷干净，若有积碳现象则可用铁刷清理；如以上清理仍无法点燃则需请师傅来修理，安全最重要，千万不要自行换修零件。

专家小提醒

脏污堵塞问题可自行解决，因为有可能只是燃气灶脏污造成的，让师傅白跑一趟，又要付费用。

Q3.

如何检查燃气外泄？

专家解答

燃气外泄问题犹如不定时炸弹，一个不小心就容易造成无法承担的后果。因此，除了应接受燃气公司定期派人到家中做设备检修外，平时住户自己也需提高警觉，一旦闻到燃气异味就要彻底检查管线，看看是否有任何脱落或破损之处，以免造成严重后果。

TOOLS 材料、工具

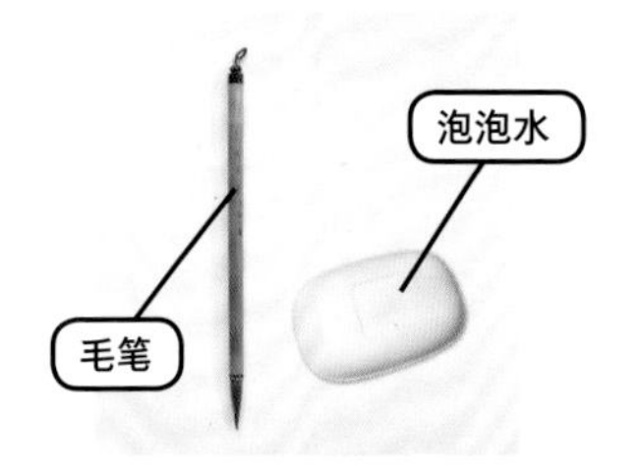

修缮步骤

①

可先检查燃气表，若无人使用燃气，但燃气表右侧末位数字却仍有明显转动，则可能有燃气外漏，建议将管线做彻底检查。

示范__陈幸墩

摄影__郑雅分

2

检查燃气灶、热水器等设备与燃气管线之间的交接处是否有松脱，安全夹是否稳固绑紧。

摄影__Amily

3

测试燃气漏气与否，可在管线串接处洒上泡泡水，若泡泡持续胀大或变多，就是有漏气现象。

Q4.

如何解决烘碗机无法加热的问题?

专家解答

烘碗机是常见的家用电器，不仅能烘干碗盘，同时还有杀菌功能，当然也兼具收纳餐具的用途，方便好用。一般烘碗机依摆放位置可分悬吊式、落地式和台面式三类，可依个人使用习惯与厨房的环境格局来选择适合的类型。常见的烘碗机故障问题有下列几种，遇上时可先依下列方法判断问题。

TOOLS 材料、工具

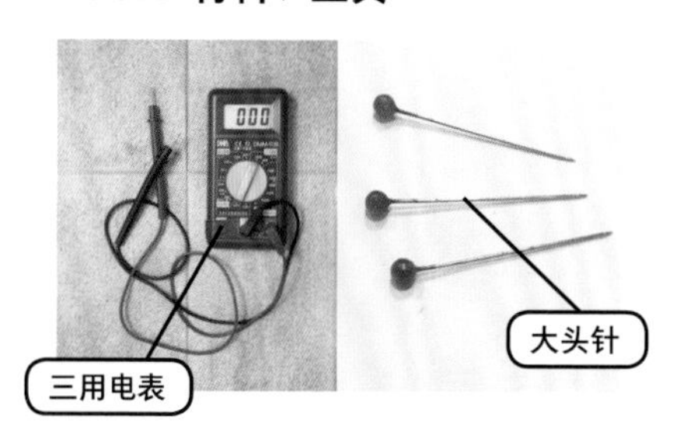

修缮步骤

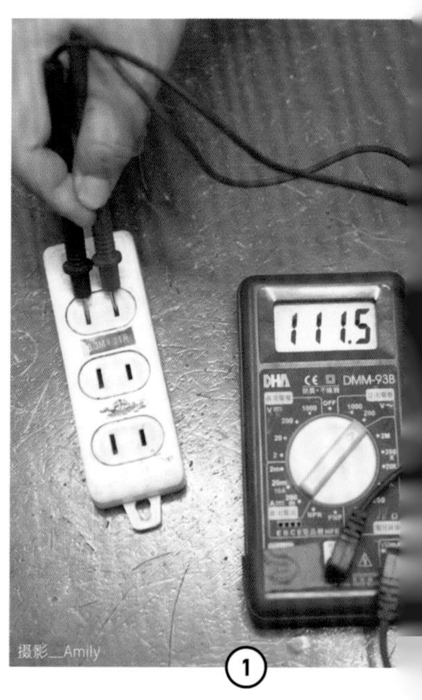

①

发现烘碗机无法启动时，应先检查电源插头是否正确插入插座。电源插好却仍无法通电时，请以三用电表确认插头与插座均无故障。完全排除电源故障后，则可能是主机板或开关按键坏了，需送厂商维修。

示范__陈幸墩

摄影__Amily

2

若碗盘有烘不干的情况，要检查是否放太多碗盘，挡住出风口，如若无以上情况则可能是加热器或主机板故障，需送厂商维修。

摄影__Amily

3

机器若有过热现象且无法自动关机，则可能是安全开关老化造成故障，需送厂商维修，以免危险；若机内有积水情况，可能是因为碗盘未沥水直接放入或是排水孔堵塞，可以先将餐具取出，再取细长棒状物（如牙签或大头针）清通排水孔即可。

Q5.

燃气热水器突然不能启动怎么办？

专家解答

洗澡最怕热水器突然点不着火，当时没有热水可以洗已经够苦，如果叫人修理，师傅又不能及时赶到，有时还要预约几天后，这种窘境可真会急死人。不妨自己先把这几招学好，等到遇上时就能解决问题了！

TOOLS 材料、工具

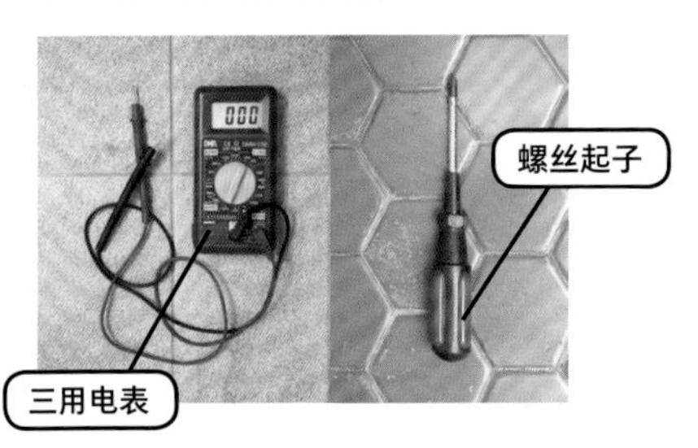

修缮步骤

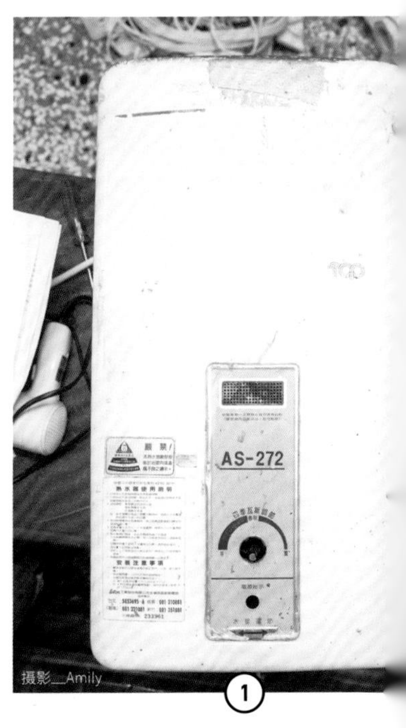

发现热水器无法烧热水时，首先确认燃气供气有没有问题。

示范__陈幸墩

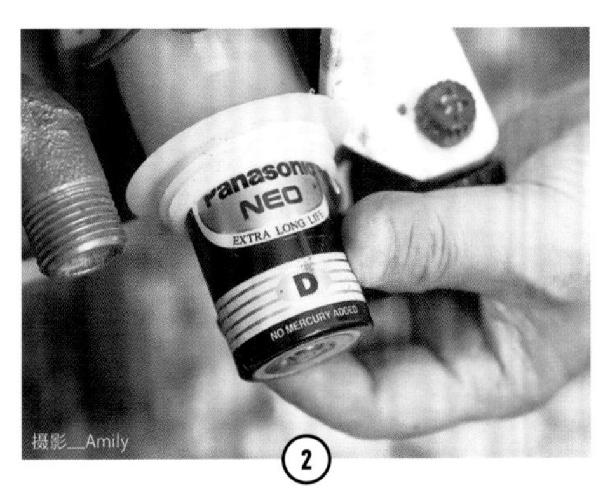

2

确认有燃气但火点不着时，请将热水器下方提供点火器电力的电池取出。

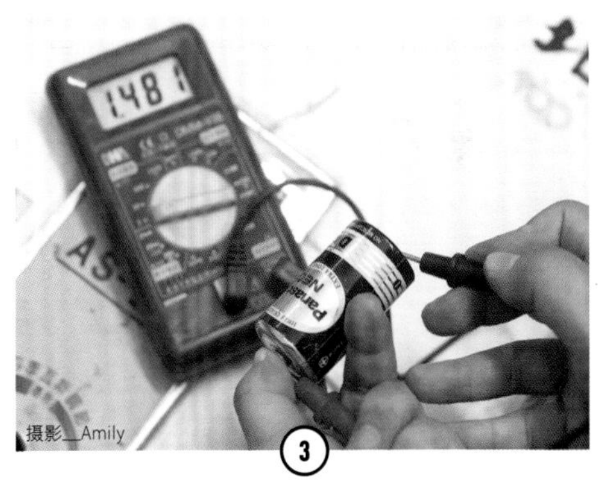

3

以三用电表测试电池是否有电，若已经没有电，只需更换新电池重新装回，热水器即可顺利点火启动。

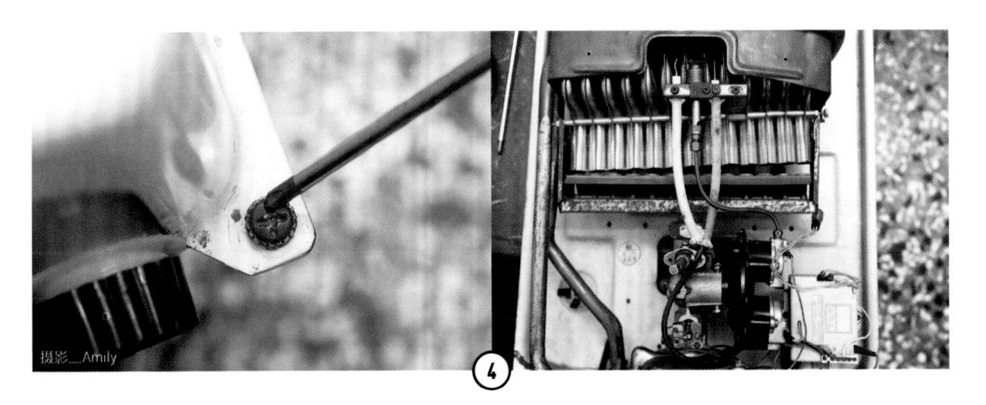

4

如果更换电池后仍无法顺利点火，则需松开螺丝，打开外壳做检查。

修缮步骤

示范__陈幸墩

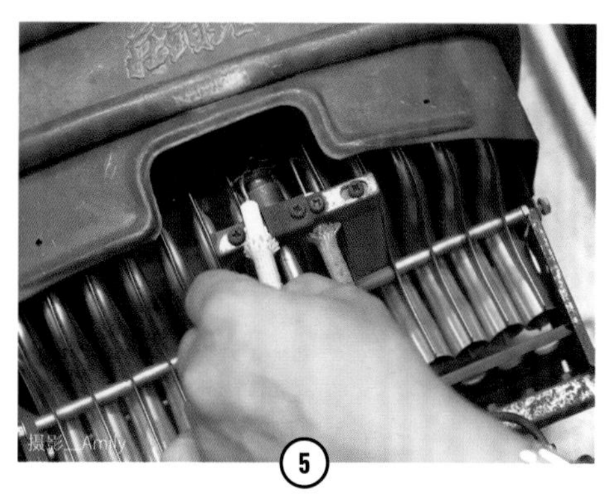

调整点火灯与母火组出口的距离（另一手按住微动开关），如无法正常放电，则可能因为点火针积碳，需以砂纸磨除积碳后即可点火。

拆掉压水盘，用手推动微动开关，测试是不是可顺利点火，如不行则可能是微动开关坏了。

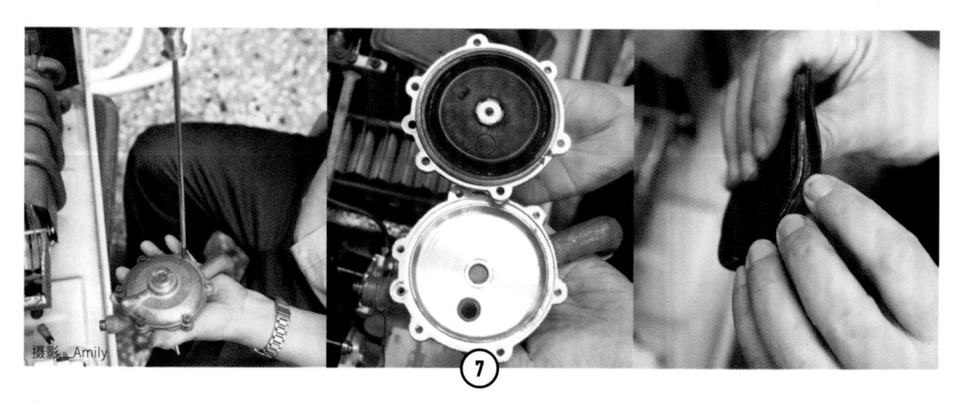

若以上问题都排除了，最后就打开压差盘（水盘），看里面的水盘皮是否破损，若有破损，换掉即可；以上测试后热水器若仍无法运行，则需请专人维修。

Q6.

如何预防燃气外泄？

专家解答

家里使用燃气罐的一定有注意到，在燃气罐与管线中间有一颗圆圆的转接头，这是燃气调节器。其主要作用是将燃气罐内较大的压力进行减压及稳压，使其可以在固定压力下通过燃气管输出燃气给炉具使用，但要注意燃气罐的调节器的出口压力采用2.744kPa节能又安全。

但是，因为一般的调节器在燃气罐倾倒或受到强力撞击后，可能被撞掉或变形，导致燃气罐急速外泄，为预防危险，厂商研发出防爆燃气调节器。当燃气罐因外力撞击导致调节器脱落、无法作用时，防爆装置便可从燃气罐出口产生作用，断绝燃气外泄的危险。

修缮步骤

示范__陈幸墩

摄影__Amily

1

一般接于燃气罐与燃气管线之间的燃气调节器可让燃气罐内较大的压力做适度调节，以便让炉具获得最适合的燃气流量。

摄影__Amily

2

燃气防爆调节器上要有合格标签才有保障。

摄影__Amily

3

具有专利的燃气防爆调节器在燃气罐遇到倾倒或外力导致其断裂时会自动切断燃气，预防燃气外泄的危险。

Q1.

如何更换马桶坐垫和马桶盖？

专家解答

马桶下部后方左右各有一颗螺丝帽，用手或是扳手松开螺丝帽，即可拆卸马桶盖。然后再将新的马桶盖和坐垫放上，并将马桶下部后方两侧的螺丝帽拴紧，即完成安装。大多数马桶盖尺寸都是固定的，但为了保险起见，建议还是测量好尺寸，包括螺丝孔帽距离、马桶盖宽度及长度，再购买更换。

TOOLS 材料、工具

修缮步骤

1 旋转马桶下方后侧两端的螺丝帽。

示范__廖荏锋

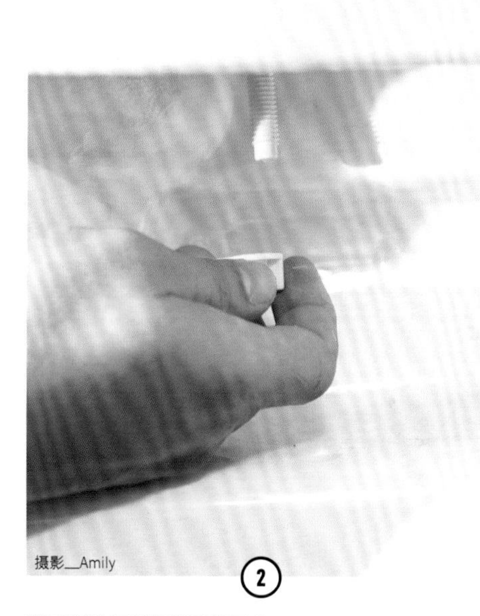

摄影__Amily

2

将两侧的螺丝帽都拆卸下来。

摄影__Amily

3

拿起旧马桶盖和坐垫，即可安装新马桶盖和坐垫。

专家小提醒

如果不是更换整组的马桶坐垫和马桶盖，而是其中之一，那么拆除时的螺丝帽要妥善保管，因为如果螺丝帽丢了，可能不容易购买到小零件。

Q2.

如何更换马桶水箱的零件？

专家解答

马桶水箱配件由三部分构成，分别是进水阀、排水阀、冲水按钮。更换之前必须先将水箱内的水排干净之后再进行操作，因此必须先关闭马桶下方尾端的止水阀。进水阀更换方法：通常固定进水阀的螺母在它的正下方，找到螺母之后将其卸下，再安装新的即可。排水阀更换方法：新型马桶通常只需直接拔起，即可更换。

TOOLS 材料、工具

修缮步骤

马桶下方后侧连接管路的就是止水阀的位置，拴紧螺丝帽，即关闭出水。

示范__廖荏锋

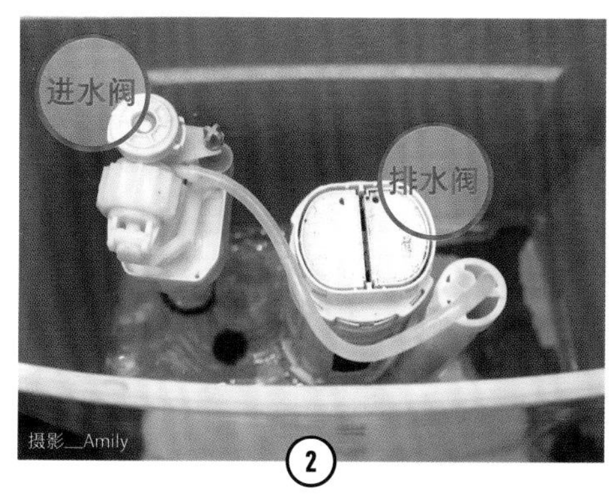

打开水箱盖，即可看到内部结构。正中间的是排水阀，左侧则是进水阀。

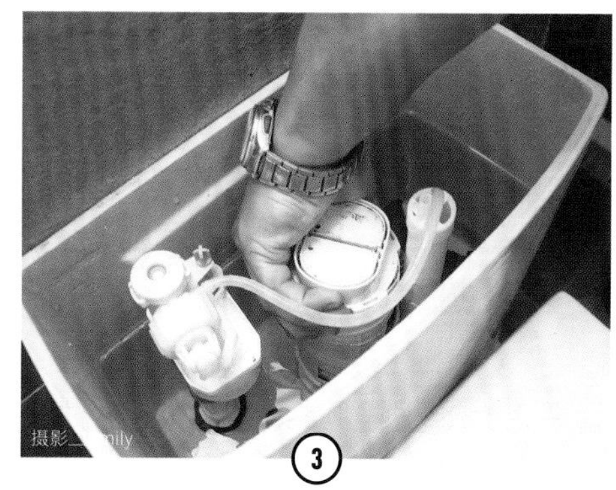

如果是排水阀出问题，直接拔起即可。

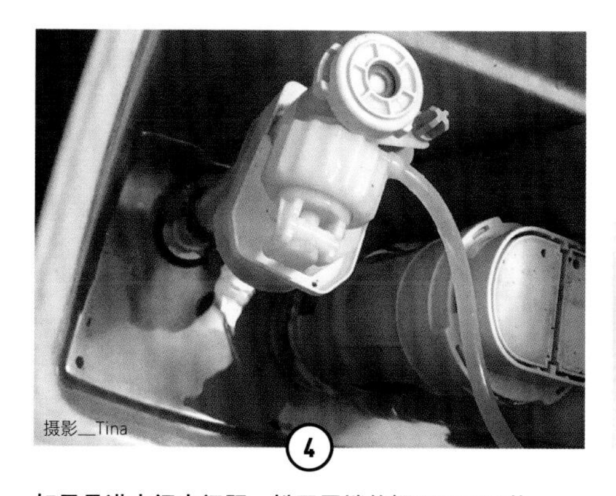

如果是进水阀出问题，松开尾端的螺母即可更换。

专家小提醒

马桶一般分为连体式和分体式两种。大多数的家庭都是使用连体式马桶，掀开水箱盖即可更换水箱零件，但分体式则必须整体拆卸才能进行更换。

Q3.

如何更换马桶两段式冲水器？

专家解答

两段式冲水马桶几乎已是新形态居家空间必备的马桶形式，省水是最大的考虑因素。传统马桶每次用水量在13升以上，两段式冲水马桶则可以让大号使用水量在6～9升，小号甚至仅需要一半水量，因为马桶用水占居家用水的一大部分，自然可以省下一笔钱。而且新型的两段式冲水马桶，更换冲水器非常方便，材料也不贵，可以自己动手。

修缮步骤

①首先掀开马桶水箱的盖子。

示范__廖荏锋

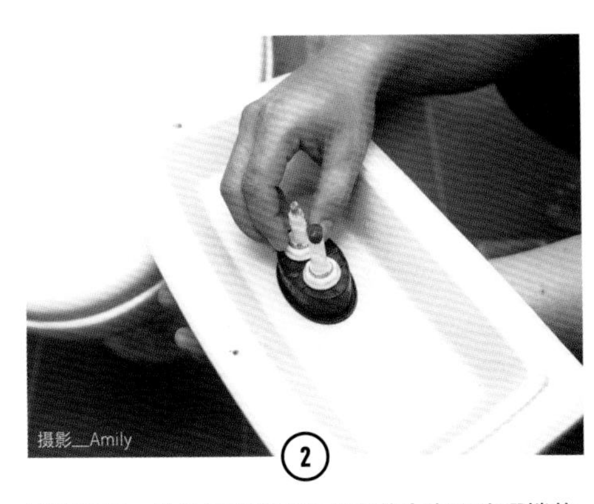

2

翻过盖子，然后将两段式冲水器的左右两边顶端的螺丝帽松开。

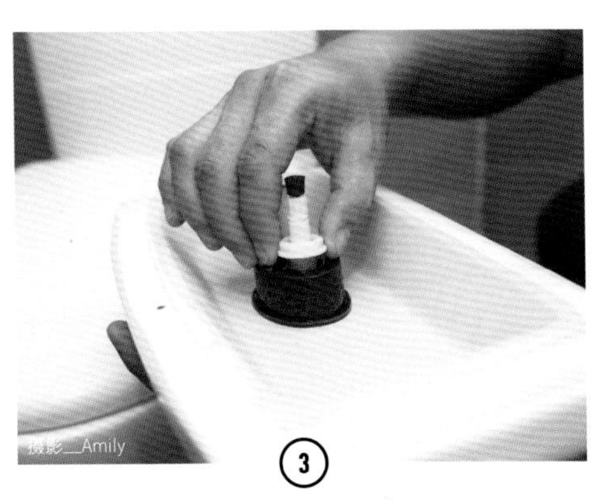

3

螺丝帽松开后将零件一一拆卸。

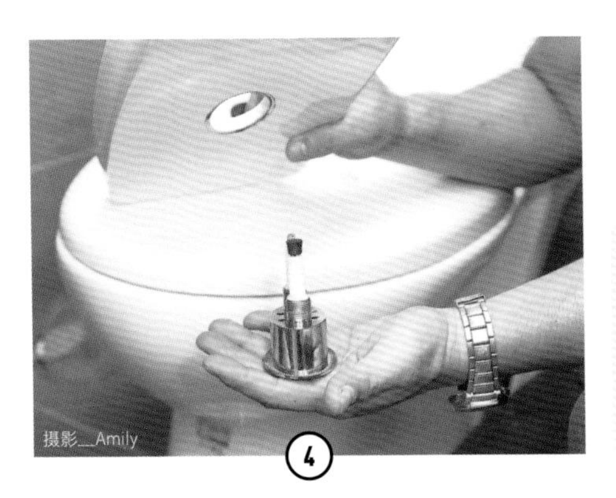

4

将旧的冲水器摘除后，更换新的即可。

专家小提醒

两段式冲水器，各个型号不太一样，因此建议购买时可以先比对家中马桶的型号，再去购买，这样不会买错，但更换原理相同。

Q4.

浴室水龙头漏水怎么办？

专家解答

拆卸淋浴水龙头看起来很难，其实很简单。跟着拆卸的步骤，就能轻易更换水龙头。在安装新水龙头时，因为软管分为冷热管线，一般都是左热右冷，因此在接管线时，一定不能交叉安装，避免使用时明明是往左开，出来的却是冷水。水龙头的冷热水管线距离是15.5厘米，虽然是普遍公认距离，更换时还是要测量一下管线距离，避免买到不合适的尺寸。

TOOLS 材料、工具

扳手

2毫米一字起子

六角扳手组

修缮步骤

先用扳手将水龙头和软管衔接处的螺丝帽松开，取下软管。

再用一字起子将水龙头两侧的螺丝松开。

示范__廖荏锋

用扳手松开水龙头后方和壁面衔接处的螺丝帽。

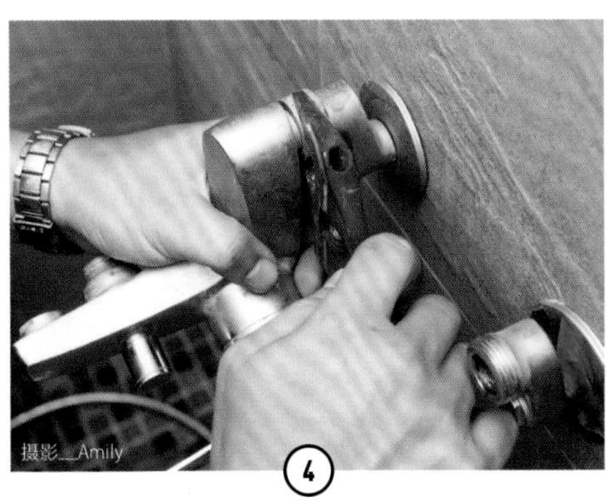

水龙头两侧衔接冷热水管的螺丝帽，同样用扳手松开。

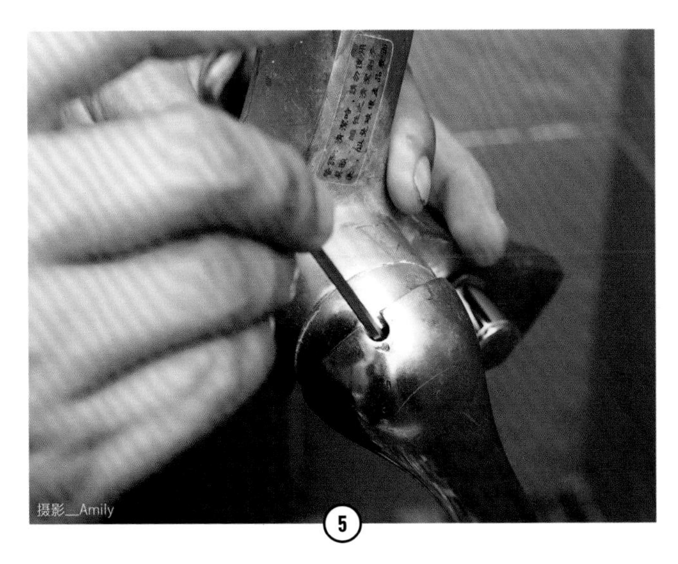

用六角扳手松脱水龙头顶端处的螺丝。

修缮步骤

示范__廖茌锋

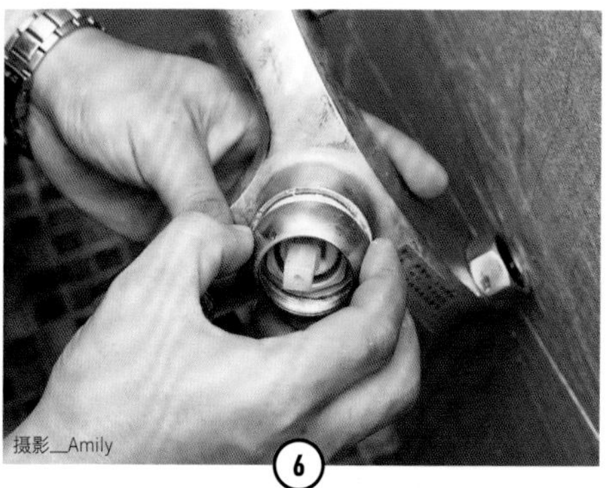

拆除后，再将套着水龙头旋钮的套环取下。

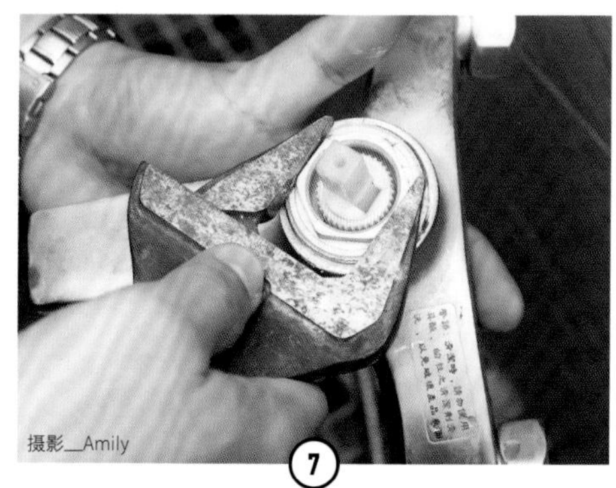

用扳手将水龙头的旋钮松开。

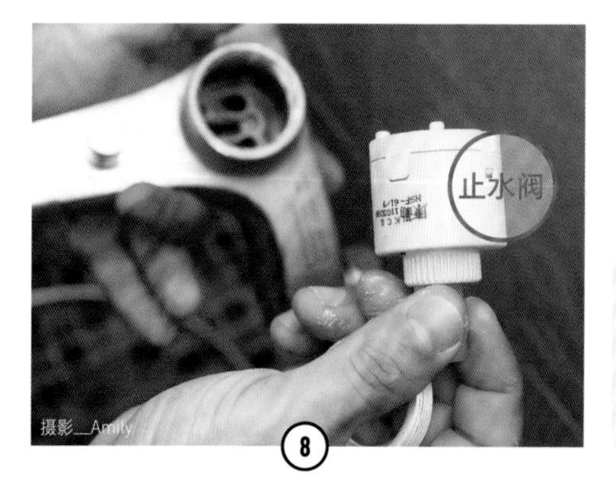

取出止水阀。

专家小提醒

现在的淋浴水龙头其实都做得经济实惠，因此遇到水龙头漏水，通常会建议消费者干脆整组换掉。

Q5.

无声无息，如何判断马桶是否漏水？

专家解答

马桶的漏水是无声无息的，一般人很难察觉，但其实发生漏水的情况很普遍，且损耗水量是24小时点滴的累积。因此建议偶尔可在家自行做简易的检测，确认是否有马桶漏水的问题。可以借由检测马桶内壁是否有明显水流或在水箱内滴入少许有颜色的液体，如果在未使用马桶的状况下，马桶内壁却出现有颜色的水流，即代表有漏水情况。

TOOLS 材料、工具

修缮步骤

示范＿廖荏锋

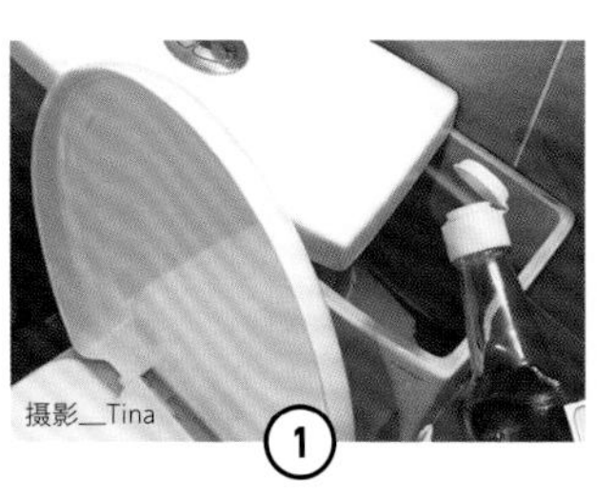

① 掀开水箱盖，倒入少许有颜色的液体，比如颜料、酱油。

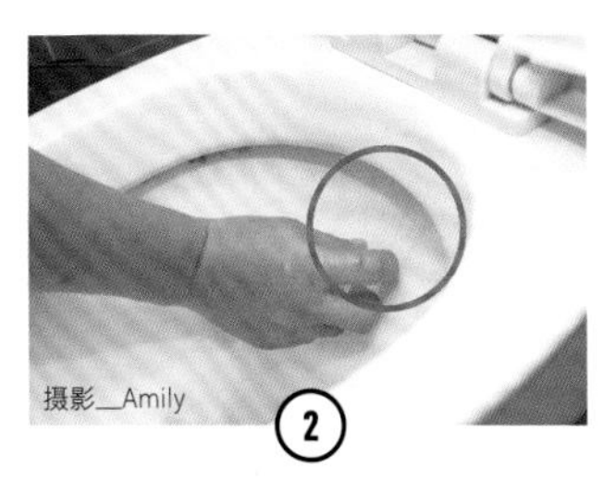

② 如果马桶内壁有明显水流状，代表可能有漏水的情况。尤其水流集中在靠水箱的中间面积时，代表出现了漏水情况。

专家小提醒

马桶漏水通常会是水箱出了问题，应该打开水箱盖检查哪一部分的零件发生了故障。

Q6.

如何处理马桶堵塞问题？

专家解答

马桶堵塞，对大多数人来说可谓毫无办法，这时候千万不能用疏通剂，因为疏通剂是用在日常保养，当马桶发生堵塞时，必须借由真空压力原理来疏散堵塞物。比如一般常用的搋子，就是借由封住空气后产生的真空压力，达到疏通的效果。如果家里没有搋子，其实还有一个简便方法，就是用胶带密封住马桶，利用真空压力原理，也可达到一样效果。

TOOLS 材料、工具

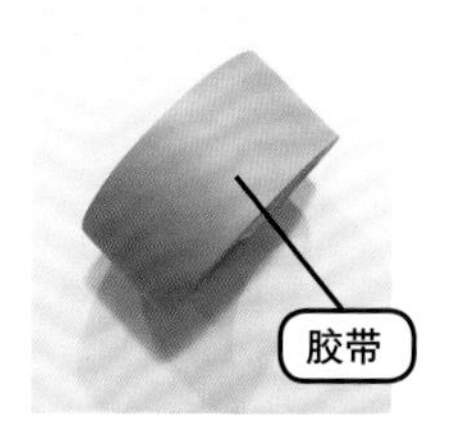

修缮步骤

用粗胶带效果最好，完全密封住马桶。

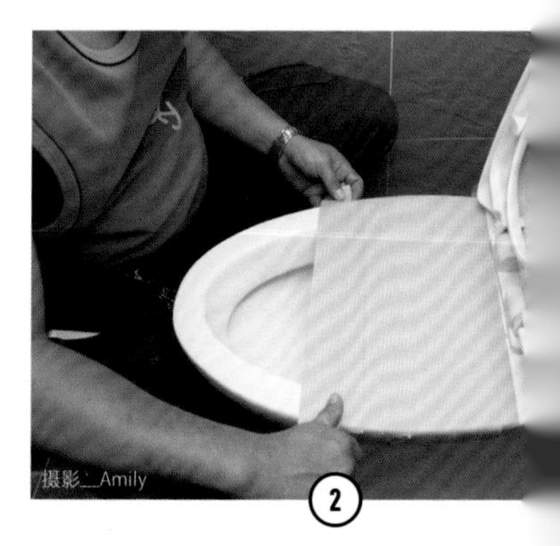

慢慢地层层覆盖，如果露出缝隙就没有作用了。

示范__廖荏锋

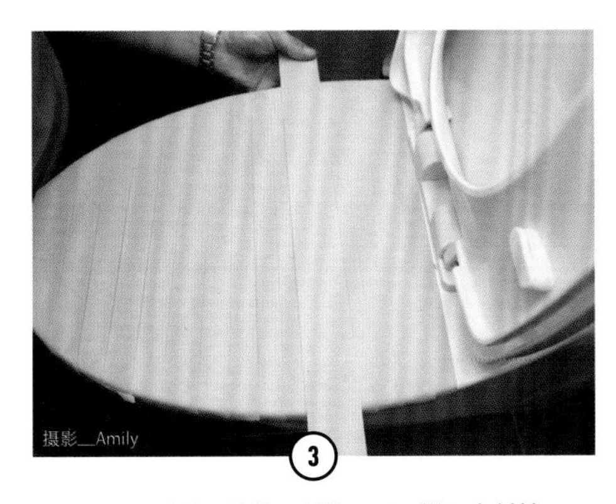

封好第一层胶带，接着再封第二层，增强密封性。

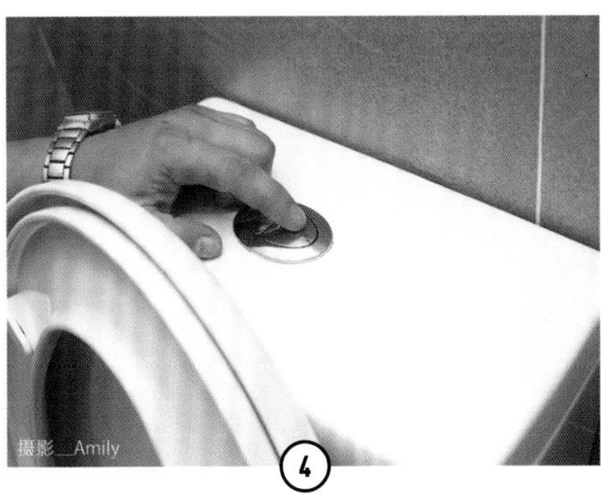

然后按冲水钮，等待马桶内壁的水量升起。

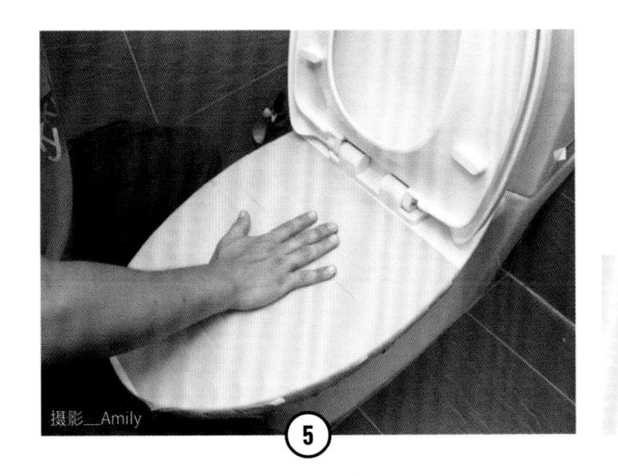

按压密封的胶带，增强真空压力。

专家小提醒

这是属于简便型的疏通方式，的确也很有效果，不过如果用透明封箱胶带更好，马桶内壁的状况可以看得更清楚。

Q7.

莲蓬头老旧
该如何更换？

专家解答

其实更换莲蓬头非常简单，通常换莲蓬头有只换莲蓬头和包含莲蓬头软管的整组零件两种。如果是前者，那么只要旋转开莲蓬头和软管衔接处，就可更换；如果是后者，也仅是改成将衔接到水龙头处的软管用扳手旋转松开取下，就可以更换整组。因此当莲蓬头发生漏水时，可以自行检测漏水的部分是软管还是莲蓬头，逐一更换。

TOOLS 材料、工具

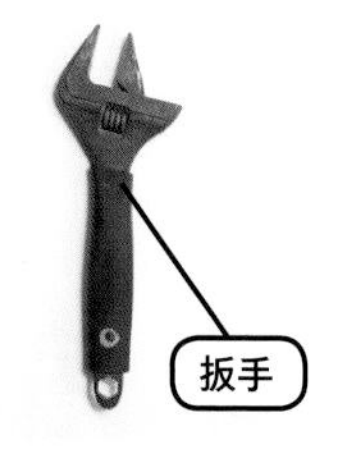

修缮步骤

用扳手将衔接到水龙头软管的螺丝帽松开。

示范__廖荏锋

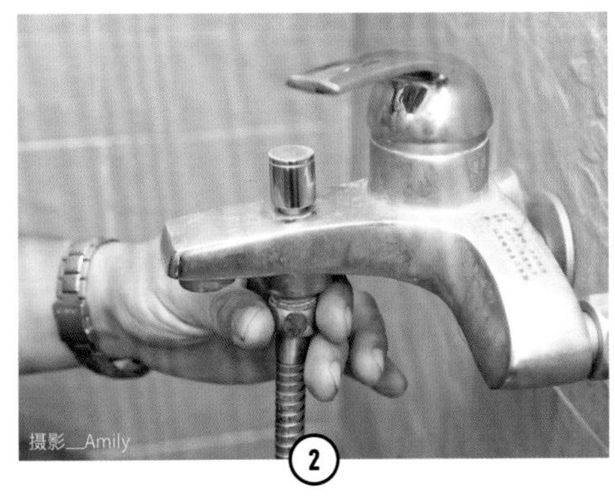

松开螺丝帽后，旋转取下，即可拿下软管。

拆卸下旧的软管，就可以安装新软管。

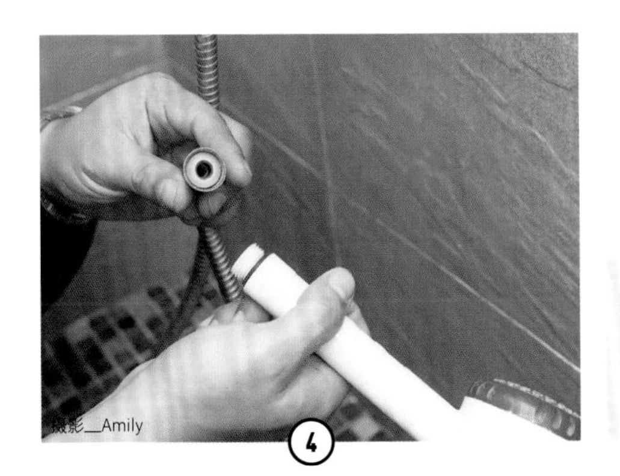

更换莲蓬头，只需将与软管的接头旋转开即可。

专家小提醒

市售的莲蓬头一般有金属和塑料两种，塑料因为遇热容易变形，不适合喜爱洗过热热水澡的人。

Q8.

如何清除浴室霉菌？

专家解答

浴室瓷砖接缝、马桶和地板交界处、洗手台旁的硅利康上，一段时间就容易产生黑斑霉菌，请朋友来家中作客时实在有失面子，市面上有许多的除霉产品，使用方式也很简单，快速就能去除这些扰人的霉菌。

TOOLS 材料、工具

修缮步骤

① 先用刷子或旧牙刷将发霉区块的泥沙脏污清除，等待干燥。

示范__特力屋

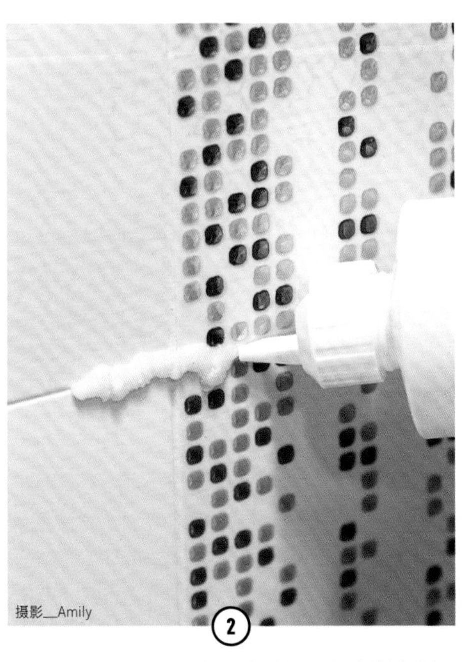
摄影__Amily

2

在发霉的接缝处挤上除霉剂，静置1小时待其分解（静候时间视各产品而定），若是发霉程度较严重，可在1小时后用刷子或旧牙刷加强处理。

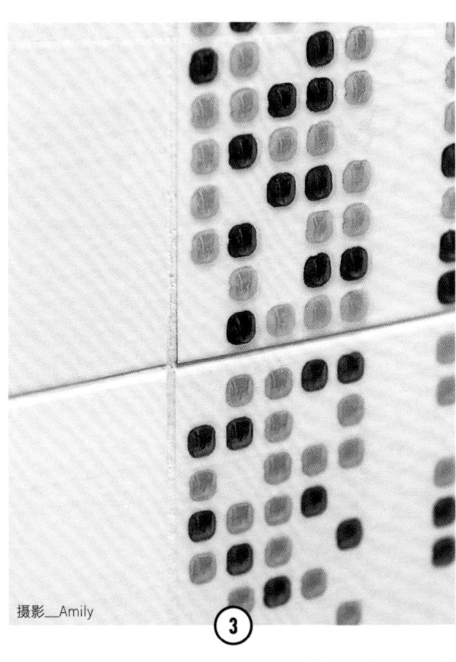
摄影__Amily

3

接着以清水冲洗清理，即可完成。若要预防，在初期阶段通常会先产生粉红色或偏黄色的污垢，摸起来有些许黏性，即是已经长霉的征兆，使用漂白水或清洁剂清洁处理即可去除。

Q9.

如何用硅利康做防水？

专家解答

使用硅利康做防水是很常见的方法，但使用较大的压力枪做防水对女性来说相对笨重，用不完的硅利康放久了，干涸丢掉又浪费成本，建议女性可购买配备齐全的综合包，让做防水这件事变得干净利落，轻松又容易！

TOOLS 材料、工具

尖嘴接头

硅利康

内含刮刀

遮蔽胶带

修缮步骤

摄影__Amily

①

在打算上硅利康的范围，分别在上端和下端处贴上遮蔽胶带，以防止硅利康涂抹沾染于壁面。

示范__特力屋

摄影__Amily

2

以挤牙膏的方式，将硅利康由下往上旋转挤出，让硅利康挤压至遮蔽胶带中间处，多挤出来的并无影响。

摄影__Amily

3

以工具包附带的刮刀或手指一鼓作气将整条硅利康抚平，力道一般即可均匀，撕除遮蔽胶带即施工完成，保持干燥，静置到隔天。

Q10.

如何安装浴厕无障碍安全扶手？

专家解答

对于幼童和年长者来说，最容易在浴厕因潮湿而滑倒，无障碍安全扶手的安装格外重要，只要准备好工具及材料，便能自己动手组装！替家人的安全把关。

TOOLS 材料、工具

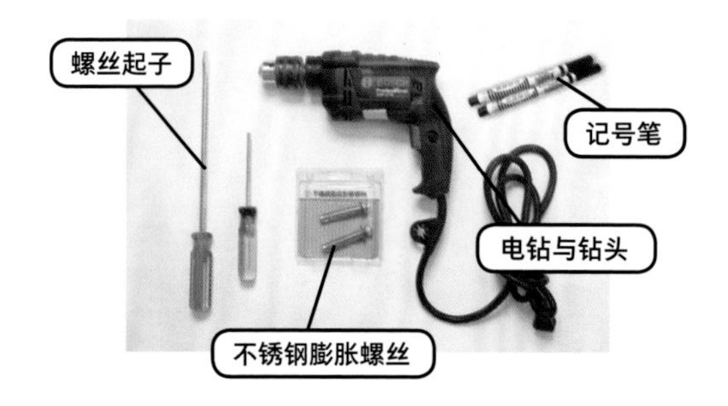

修缮步骤

①

先将扶手放置在打算安装的位置，于预定锁墙处以记号笔画上记号（以记号笔标记安装位置，以水平尺测量水平）。

插画__黄雅方 / 内容咨询__特力屋

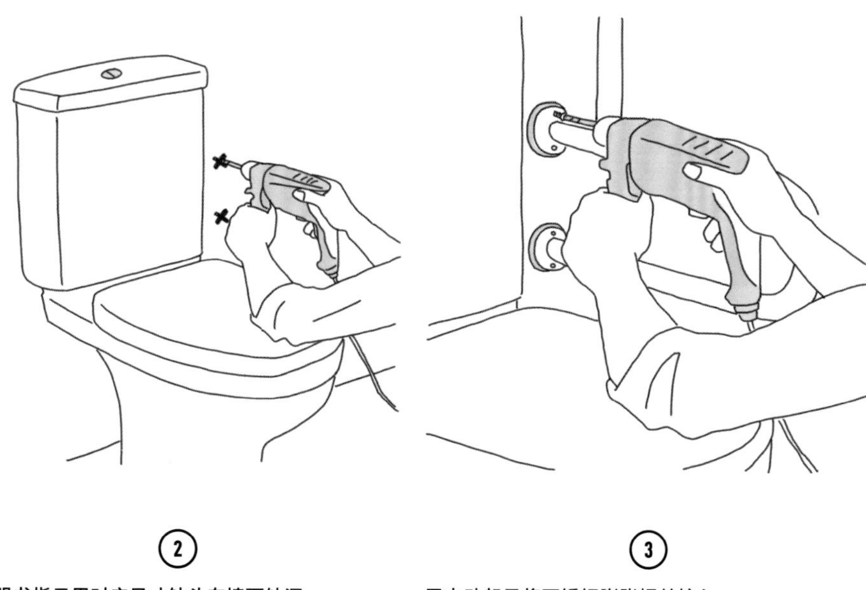

②
依说明书指示用对应尺寸钻头在墙面钻洞。

③
用电动起子将不锈钢膨胀螺丝拧入。

专家小提醒

需装设于实体坚固墙面，安装前要先寻求卖场专业人士咨询后再确认家中环境是否可以自行操作。

Q11.

如何清洁玻璃拉门上的水垢？

专家解答

卫生间选择用玻璃拉门作为干湿分离的隔挡，挡水效果好，缺点是长时间不清理就会有水垢、污渍留在玻璃上。这时可以使用柠檬酸粉加水稀释，并喷洒在玻璃门上，清理扰人的污渍，避免产生霉菌深入接缝处，否则将更难以清除。

TOOLS 材料、工具

柠檬酸粉　干净抹布　缝隙刷　按压清洁刷

修缮步骤

柠檬酸粉加水稀释（采用1g：10mL的比例），倒入喷瓶内备用。

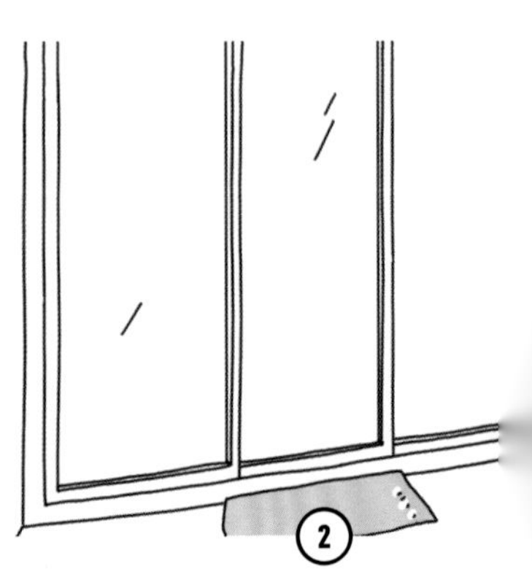

在浴室玻璃拉门下方铺上抹布，防止柠檬酸水喷洒到地板上。

插画__黄雅方 / 内容咨询__特力屋

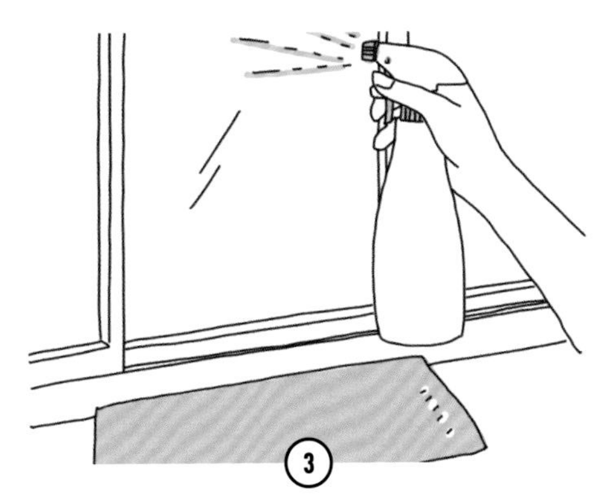

将柠檬酸水喷洒在玻璃门上，静置约3分钟。

使用按压清洁刷刷除水垢后冲洗。

可以在清洁刷内添入中性清洁剂，边洗边刷，冲洗掉清洁剂即可。

专家小提醒

玻璃拉门下方的滑轨最容易藏污纳垢，可以使用缝隙刷刷洗清洁；柠檬酸水避免接触到铁、铝、黄铜、大理石材质，否则会造成腐蚀，请小心使用。

Q12.

浴室化妆镜上玻璃平台夹裂了，如何更换？

专家解答

当化妆镜的玻璃平台夹裂了，为确保安全，应要立即换掉。并使用电钻、螺丝起子与新的平台夹等修缮，并固定新的化妆板，避免导致整个台座掉落，造成家庭成员受伤。

TOOLS 材料、工具

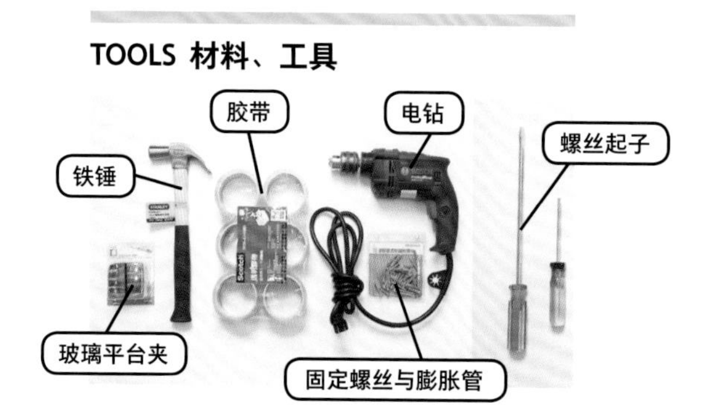

修缮步骤

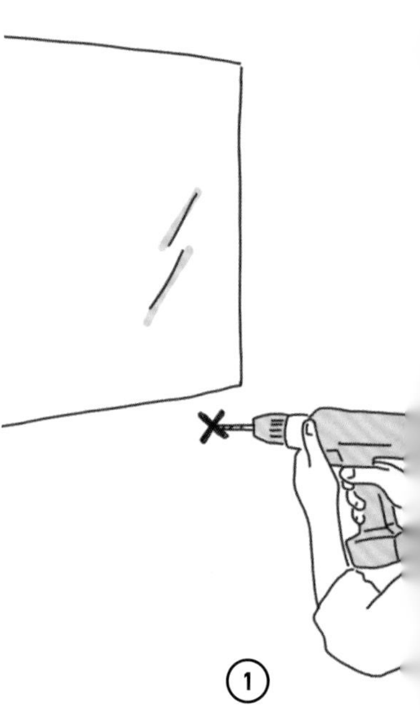

选择合适位置先做记号，并用电钻钻孔。

插画__黄雅方 / 内容咨询__特力屋

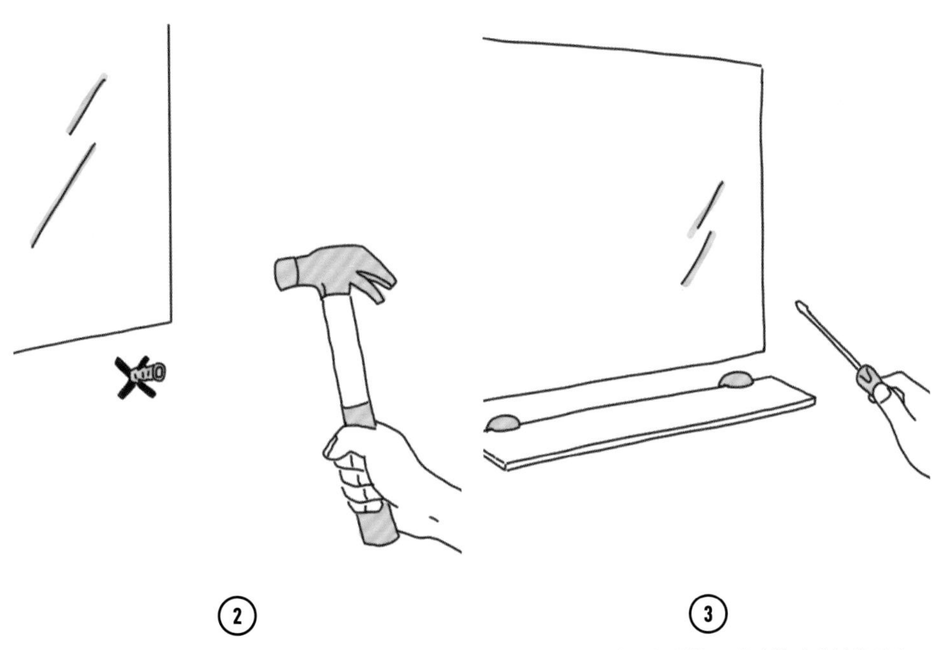

②

要选直径与塑料膨胀管一致的钻头，而钻孔深度要与膨胀管长度一样或稍长（可先在钻头上用胶布绕一圈做记号）；将膨胀管塞进孔洞后以铁锤打入。

③

再将玻璃平台夹以螺丝锁入膨胀管孔中锁紧固定，即可完成安装，并将镜子重新装上。

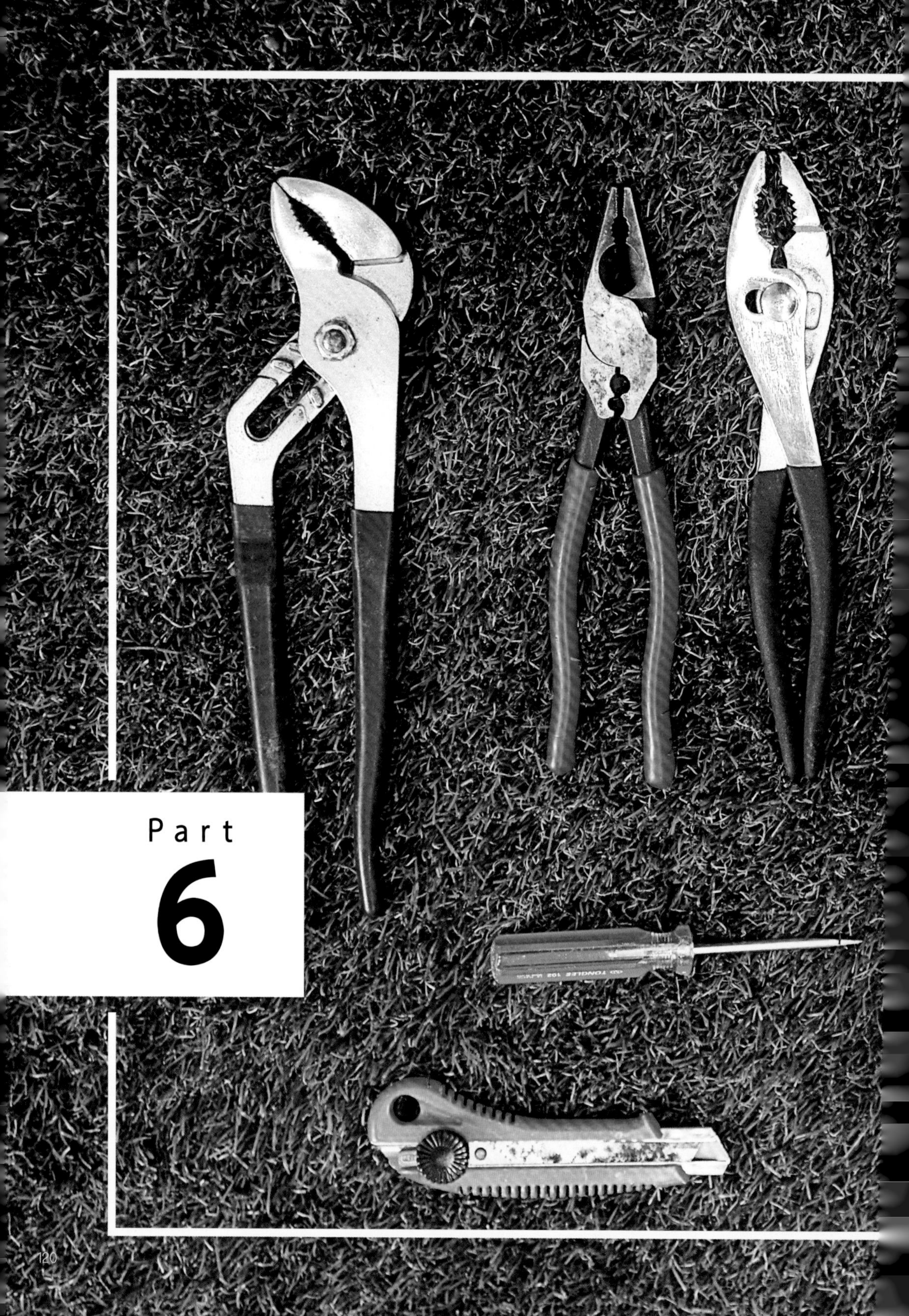

Part 6

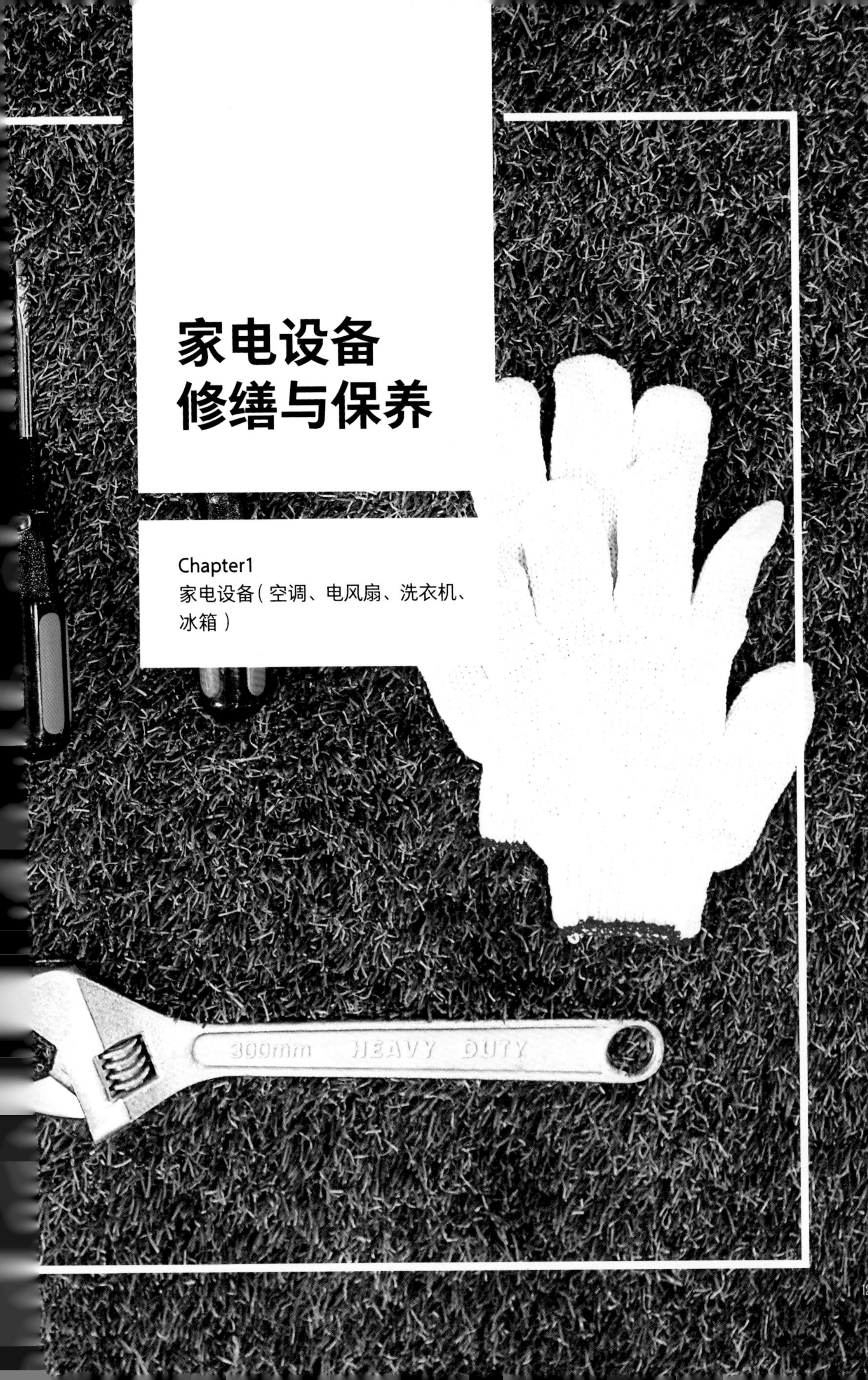

家电设备修缮与保养

Chapter1
家电设备（空调、电风扇、洗衣机、冰箱）

Q1.

如何判断电风扇不转的原因？

专家解答

电风扇不转不外乎电源没电、马达轴心（承）缺油卡死、启动电容器或温度保险丝烧毁等原因，其中插头线断线最易发生：懒得弯下腰拔插头，直接拉扯电线，可能会导致内部铜线断掉。插头断线时欲判断断线位置，需使用三用电表来检测，断线时需换线或插头；若是马达轴心卡死，需重新上油润滑；启动电容器或保险丝烧毁时则需换新。

TOOLS 材料、工具

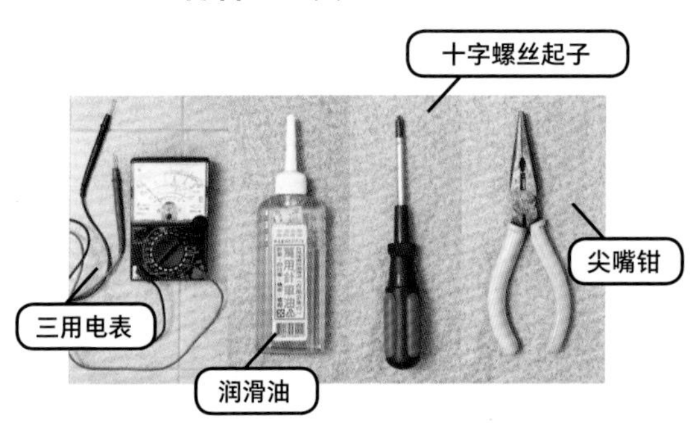

修缮步骤

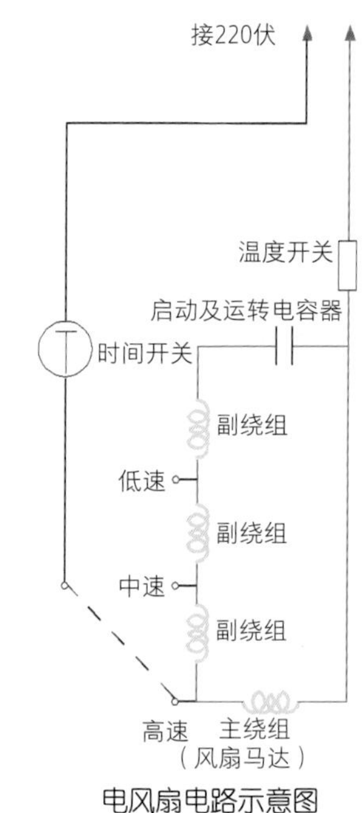

电风扇电路示意图

①

想修理电风扇，需先了解电风扇电路图。

示范__陈幸墩

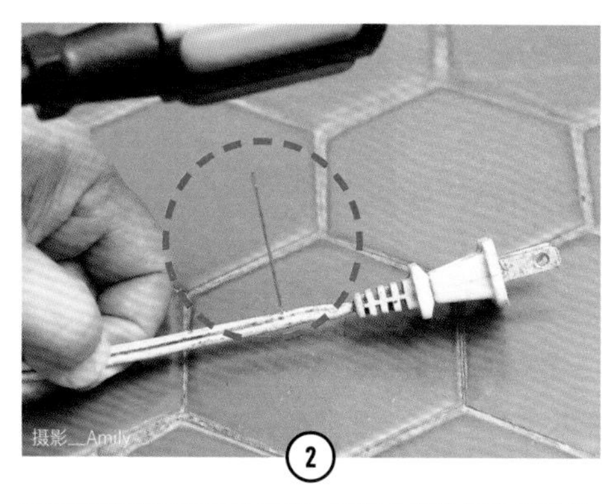

2

将三用电表切换至欧姆挡，以缝衣细针插在插头前端5厘米处的电线内。

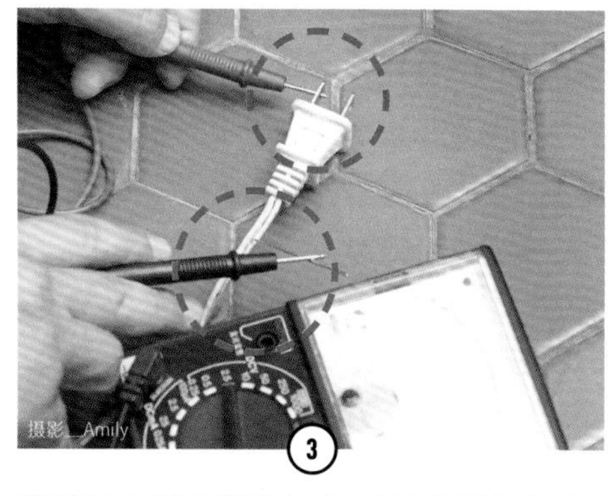

3

以三用电表的两根探棒（一红一黑）分别触及插头铜极与细针上，若电表指针没动或显示电阻无限大，即表示插头电线断线。此时将电线重新接上或换一个新插头即可。

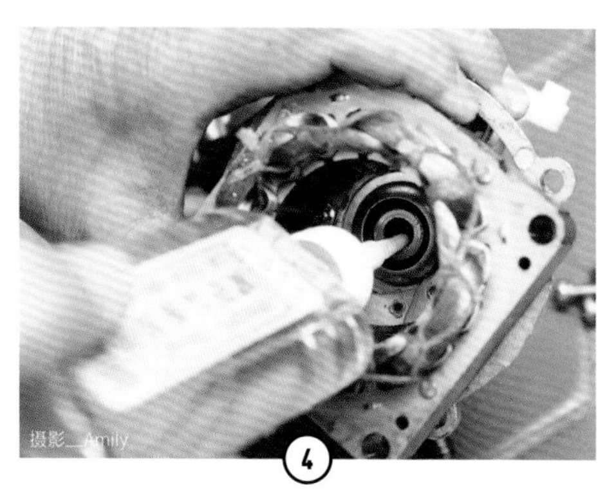

4

如果马达轴心卡死，将马达拆开，并于马达前后两点添加润滑油。

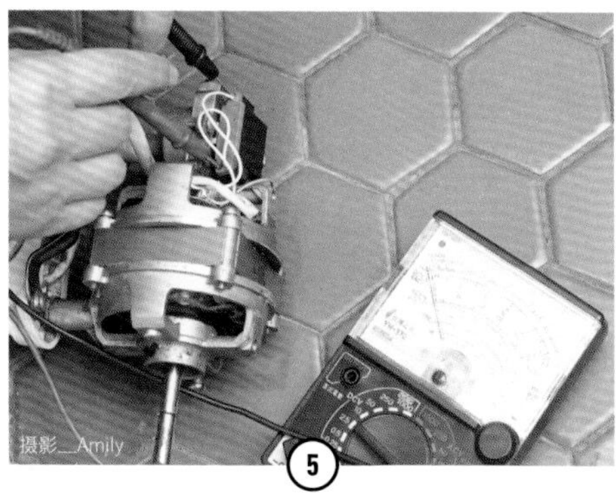

5

同样以三用电表测试启动电容器是否烧坏，如果电表指针未动或显示电阻无限大，则需换新电容器。

Q2.

如何解决电风扇噪声很大问题？

专家解答

电风扇是一种转动机械，其构造包含扇头、叶片、网罩和电控制装置等部分。电风扇使用时间一久，轴承润滑油逐渐干涸，电风扇各部配件螺丝开始松动，都可能导致噪声加大。若想解决噪声的问题，可以通过添加润滑油、调整摆头、锁紧各部分螺丝来改善，简单的小步骤就能让电风扇安静下来。

TOOLS 材料、工具

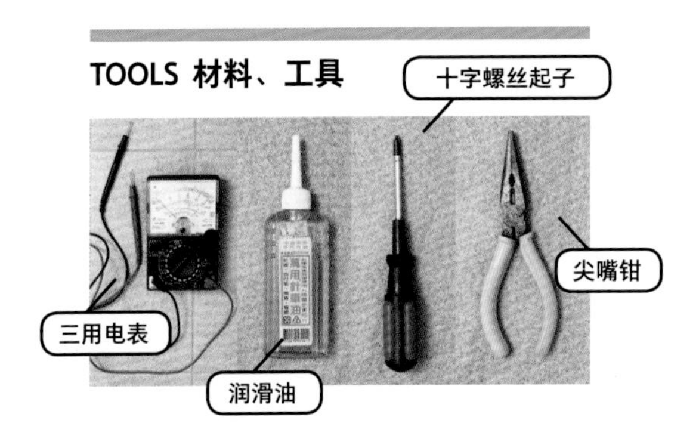

修缮步骤

将电风扇网罩与外壳拆卸，并拆开螺丝，露出马达内部轴承。

示范__陈幸墩

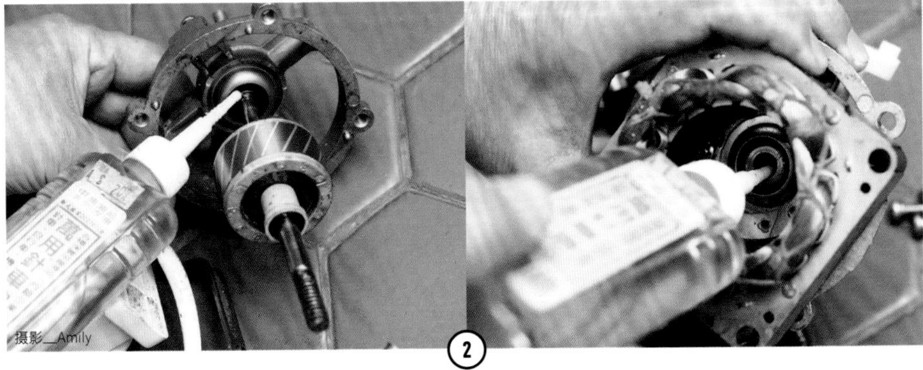
摄影__Amily

2

用润滑油为轴承两端润滑，并按原方法装回。

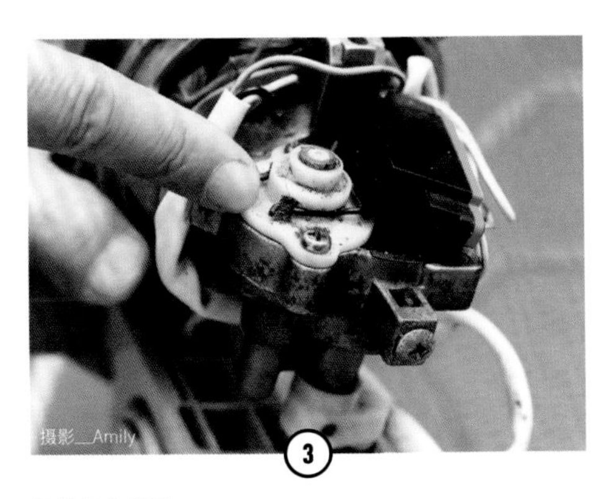
摄影__Amily

3

调整摆头螺丝。

Q3.

电风扇无法左右摆头，怎么办？

专家解答

摆头装置故障了，但是电风扇还能运转，舍不得丢掉换新，该怎么自己解决问题？电风扇的摆头装置（左右转向器）里面有传动齿轮与润滑油，使用几年，传动齿轮会松脱或没有润滑油润滑导致卡住，造成无法摆头。此时可将摆头装置的外盖拆卸下来，找到松脱的传动齿轮，重新组合，并加入润滑油，就可以让电风扇恢复摆头功能了！

TOOLS 材料、工具

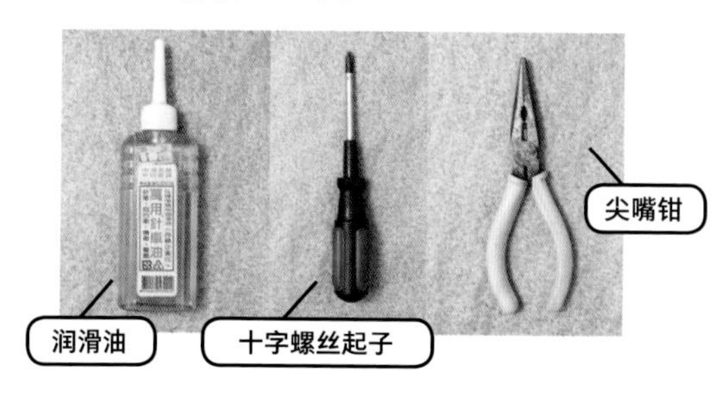

修缮步骤

拆开电风扇外壳，检查传动齿轮是否脱落或卡住。

示范__陈幸墩

调整摆头螺丝，并重新组合齿轮，使之密合。

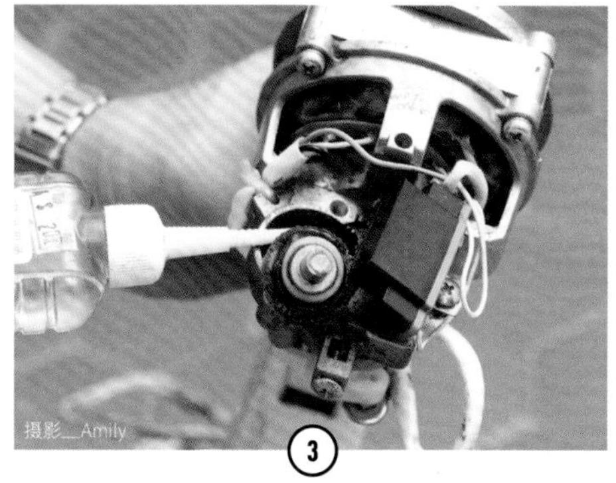

为摆头螺丝与齿轮加润滑油。

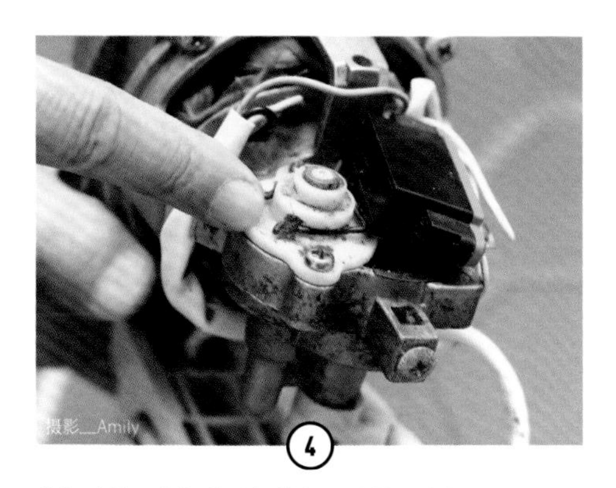

将摆头的固定螺丝重新锁紧，并装回外盖即可。

Q4.

电风扇
基础保养方法!

专家解答

电风扇用久了，不知不觉堆积在网罩、扇叶上的灰尘将空气越吹越脏，失去润滑油的马达不断发出噪声，摆头装置卡住，甚至不会摆头了。若不想换新的电风扇，到底应该如何保养呢？电风扇的保养，除了塑料外壳、开关面板、网罩、扇叶的擦拭之外，内部马达等各部分组件也可通过定期上润滑油并将螺丝锁紧，使电风扇延长数年寿命。

TOOLS 材料、工具

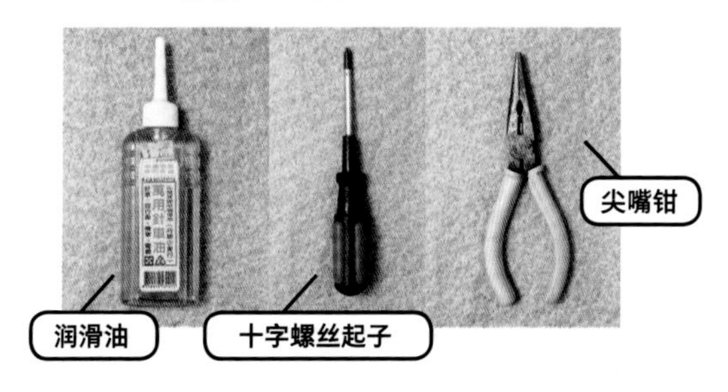

修缮步骤

将电风扇网罩拆卸，并用抹布将扇叶擦拭干净。

示范__陈幸墩

2

拆下扇叶，并为轴心上润滑油。

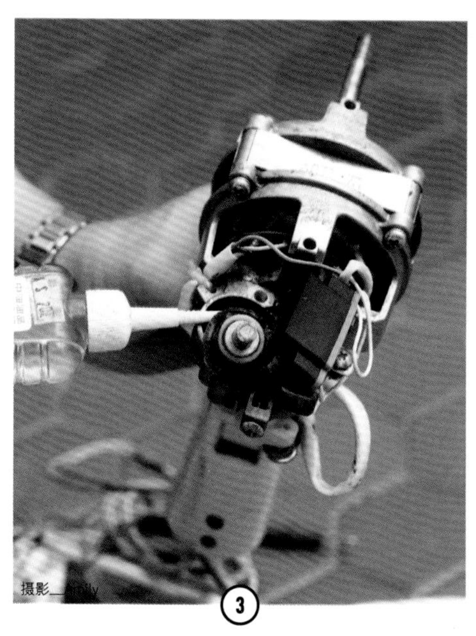

3

拆下塑料外壳，为内部组件加润滑油并锁紧螺丝。

Q5.

吊扇灯的线被拉断，有应急方法吗？

专家解答

不小心把吊扇灯的线拉断了，开关灯和电扇都变得无比艰难，怎么马上做出处理？家中使用的吊扇灯一般有两条拉绳，一条切换灯泡亮灯数量，另一条则控制风扇转速。假如控制风扇转速的那条绳子不慎被扯断，当断线位置在拉线开关盒外时，可以用绳子绑住剩余的旧拉绳，暂时应急；但若断线位置在拉线开关盒内部，就只能连同拉线开关一同换新。

TOOLS 材料、工具

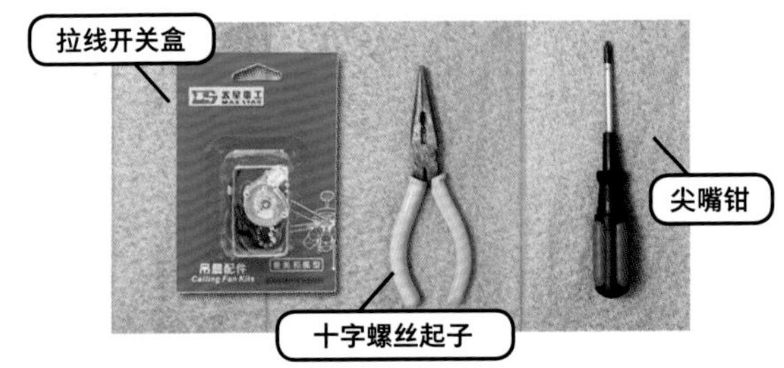

修缮步骤

①

吊扇灯通常有两条拉绳，一条切换灯泡亮灯数量，一条控制风扇转速。

②

断线位置在盒外时，绑上绳子应急。

③

断线位置在盒内时，就需要连同拉线开关盒一同更换，建议请专业人士上门维修。

摄影＿

内容咨询__陈幸墩

Q6.

为什么空调开再久都不冷呢？

专家解答

原因大约有空调太脏没有定期保养、冷媒外泄以及启动电容器老化三类。分离式空调连接室外机的铜管有两根，粗铜管裸露部分结霜则是空调太脏没定期保养，滤网每两周需清洗，蒸发器、冷凝器约每三年需固定清洁，细铜管裸露部分结霜是因为冷媒外泄；启动电容器老化初期运转扭力降低会使空调不冷，发生故障时压缩机或送风马达会无法运转。

TOOLS 材料、工具

修缮步骤

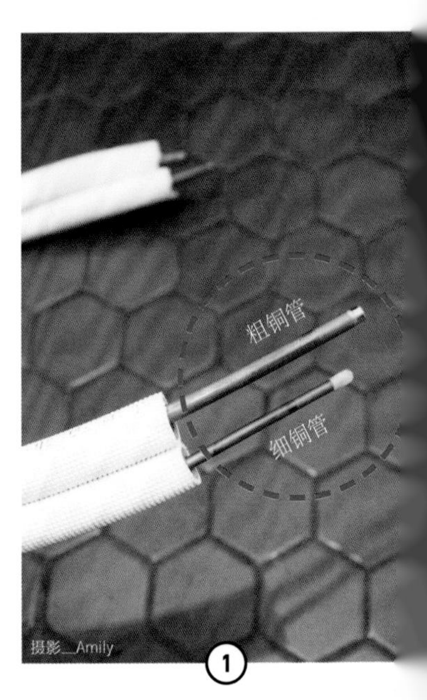

连接空调室外机的铜管有两根，如图一根较粗(上方)、一根较细(下方)的铜管。

示范__陈幸墩

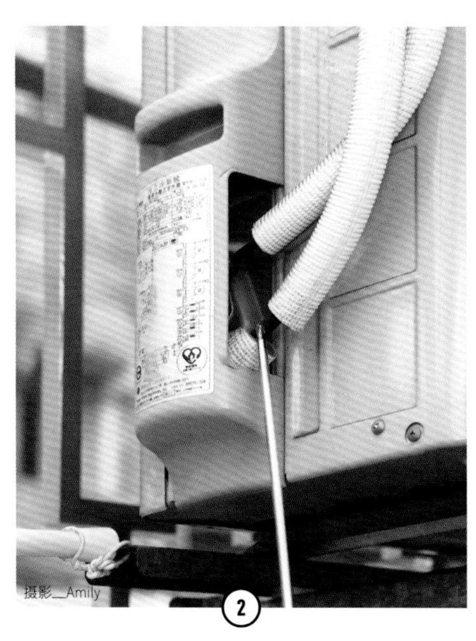
摄影__Amily

②

开机时室内机出风口温度低于18℃属正常，等5～10分钟后出风口温度高于18℃，粗铜管结霜，表示空调太脏，需要清洁。

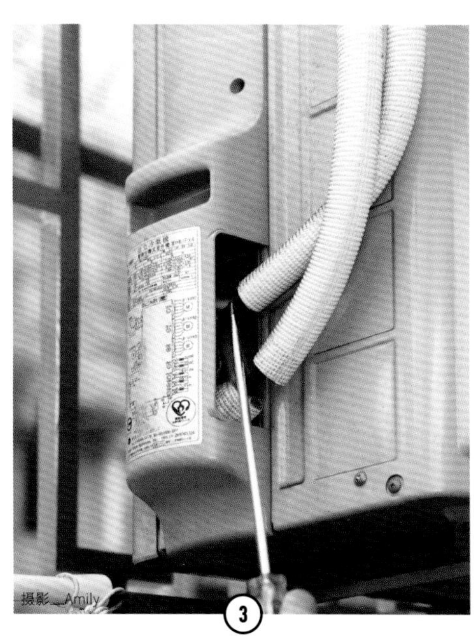
摄影__Amily

③

若一开机室内机出风口温度就高于18℃，且细铜管结霜，表示冷媒外泄，需请专业厂商修理。

Q7.

空调室外机需不需要遮雨棚？

专家解答

想给空调室外机加装遮雨棚，但室外机又标榜可防潮湿，到底有没有必要加装遮雨棚呢？室外机虽标榜防潮等级，但内部大量电子零件长期暴露于室外，除了下雨时易有雨水进入机器内造成故障外，大量的日晒及紫外线直接照射于机壳上，机壳老化与散热不良的问题将接踵而来，因此空调室外机加装遮雨棚是必要的，但装设遮雨棚需注意角度、距离与材质问题。

TOOLS 材料、工具

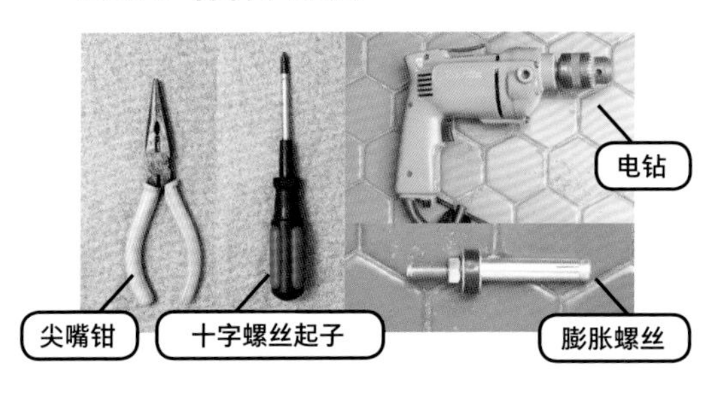

修缮步骤

①

空调室外机遮雨棚需注意尺寸及安装角度，与主机距离至少50厘米以上。

②

遮雨棚距离进风处20厘米以上，以免阻碍散热与进风。

③

遮雨棚材质最好选用钢板，不可使用塑料浪板，其在紫外线照射下容易脆化。

Q8.

如何解决冰箱门关不紧问题?

专家解答

冰箱门关上了，却从缝隙中不断冒出冷气，用电量不知不觉飙高，却怎么也阻止不了冷气的外泄。到底为什么冰箱的冷气会一直外泄呢？最常见原因就是经常性开关让冰箱门的封条老化脱落、变形或是局部出现凹陷。封条脱落时可用胶水将脱落处黏合；封条轻微变形凹陷时可用吹风机加热恢复，如已严重变形则需请专业厂商整体更新。

TOOLS 材料、工具

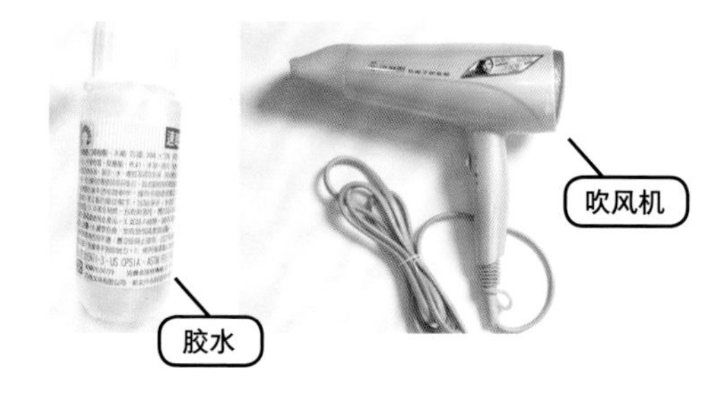

修缮步骤

封条脱落时可用胶水黏合。

示范__陈幸墩

②

封条轻微变形凹陷时，可用吹风机加热，使之恢复原状。

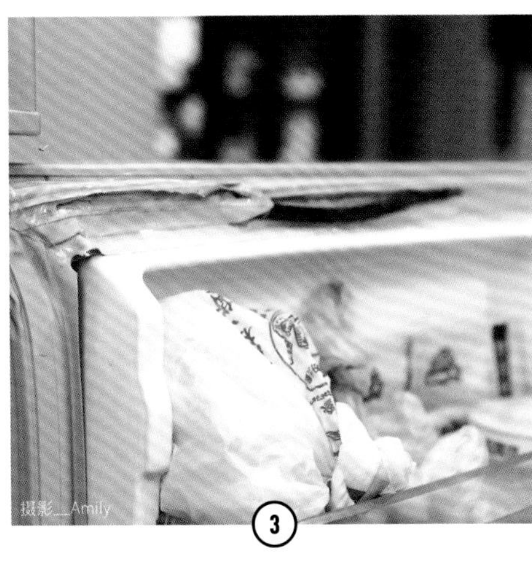

③

封条严重变形，需请专业厂商更换。

Q9.

如何解决冰箱不制冷问题?

专家解答

冰箱渐渐变得不冷了，冰箱内的东西面临坏掉的问题！怎么知道自己的冰箱哪里出了问题呢？冰箱下层的温度提高，上层冷藏柜却越来越冷，可能原因有出风口被杂物挡住或自动除霜器发生故障，导致出风口结霜等。若要解决出风口结霜问题，可以使用吹风机融化出风口的冰霜暂时解决或请专业厂商更换除霜器。

TOOLS 材料、工具

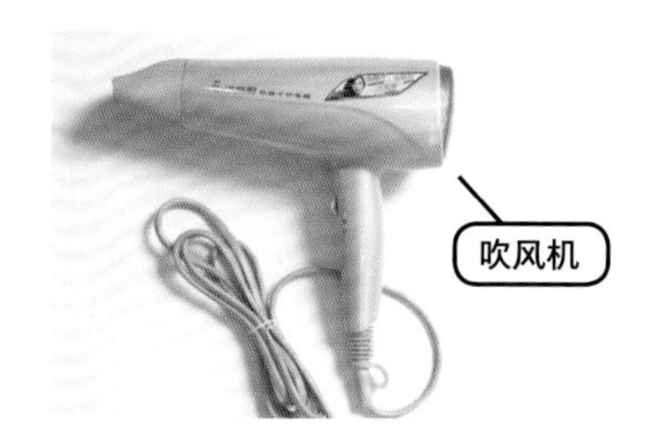

修缮步骤

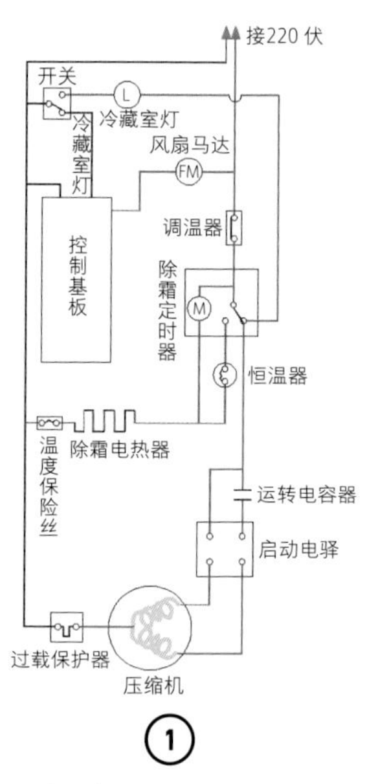

①

通过示意图了解冰箱电路全貌。

示范__陈幸墩

摄影__Amily

2

尽量避免杂物挡住出风口。

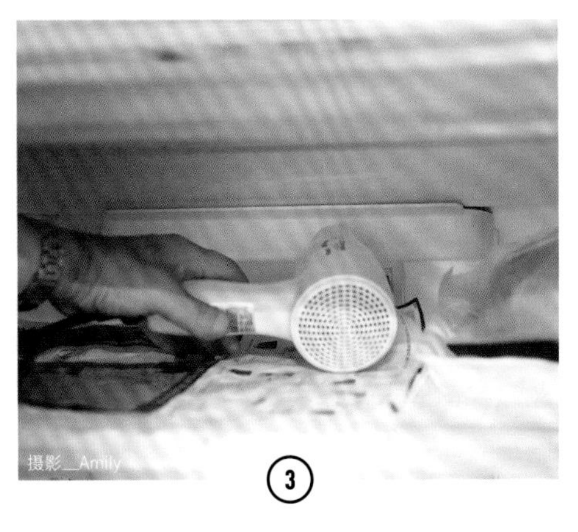
摄影__Amily

3

出风口结霜无法消除，可先用吹风机融化出风口冰霜应急，但若除霜器发生故障，则需要请专业厂商更换除霜器。

专家小提醒

若连冷冻柜也不冷了，则有可能是压缩机启动电容器或其他零件故障，需请专业厂商上门维修。

Q10.

自家洗衣机的保养方法？

专家解答

家里的洗衣机不可或缺，但每天洗衣服却不知道洗衣机内是否藏污纳垢，会不会出现漏水。洗衣机使用一段时间后应该定期拆卸内槽清洗，且内槽与外槽夹层之间易出现异物，应及时清除，避免洗衣机发生故障。如有漏水情况，可能是排水阀的止水橡胶老化，无法密合导致漏水，需要更换止水橡胶来解决。而当洗衣机使用时出现怪声则可能是轴心偏移，需请专业厂商维修。

TOOLS 材料、工具

洗衣机槽清洁剂

修缮步骤

① 洗衣机内槽需定期拆卸清洗，避免藏污纳垢。

示范__陈幸墩

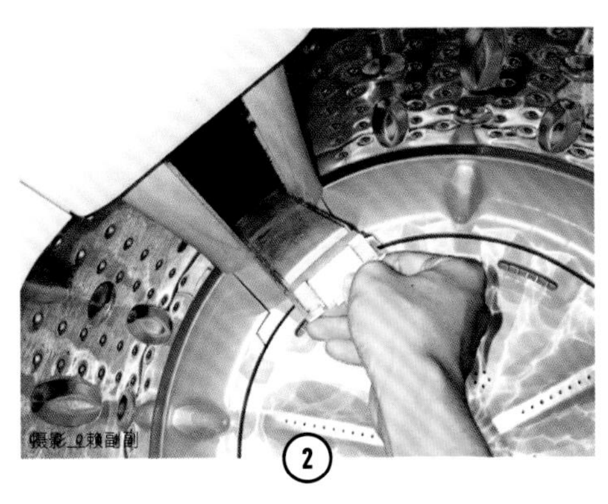

2

内、外槽之间的缝隙可能会卡入毛屑或较小的衣物，应该经常留意。

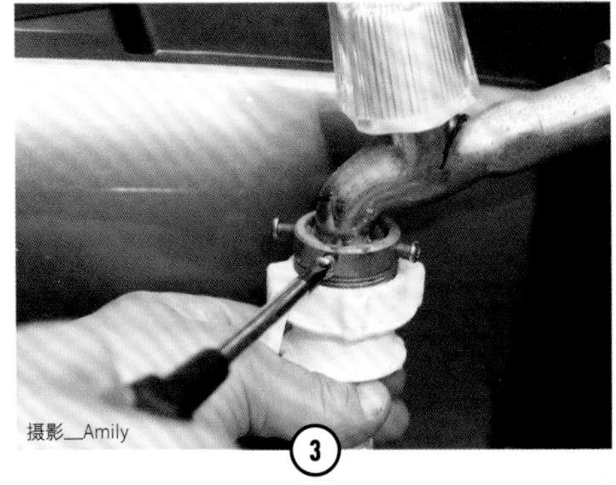

3

螺丝锁紧时应特别注意施力要平均，可先将全部螺丝锁上八分紧，再轮流锁紧，以免水管倾斜漏水。当排水阀的止水橡胶老化失去止水作用，应请专业厂商更换止水橡胶。

Part 7

柜体、桌椅修缮

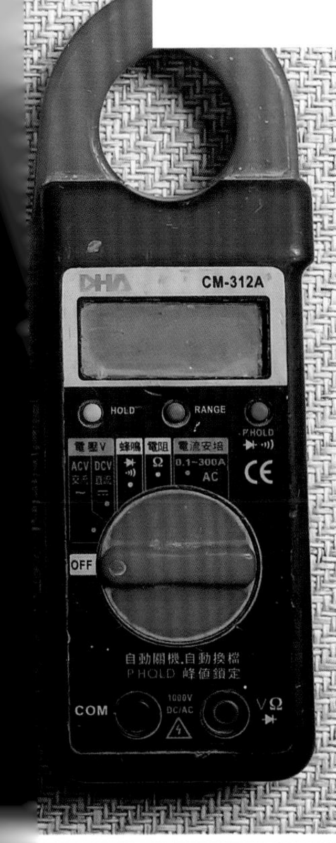

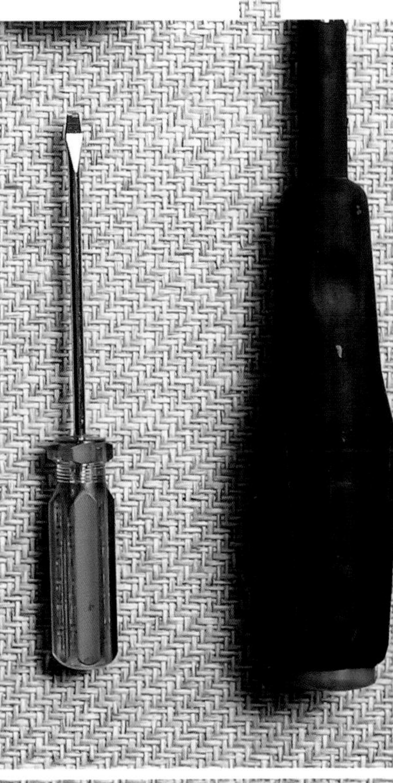

Q1.

如何修补厨房系统柜的裂缝？

专家解答

最常看到的厨房系统柜，发生裂缝时可以通过简单省钱的修补方式，准备硅利康与刮刀，动手DIY修补。另外，在修补时，硅利康胶管的尖嘴可适当切割较大开口，也会让挤压时施力较轻松。

TOOLS 材料、工具

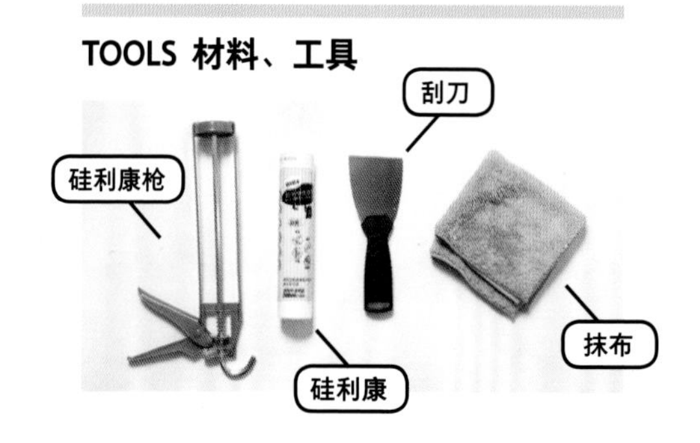

修缮步骤

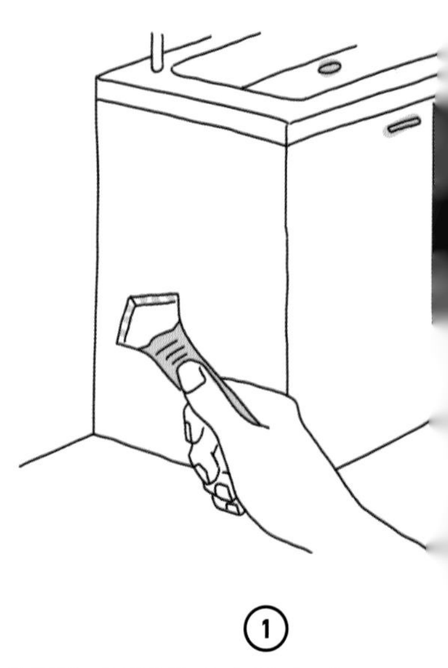

①
先用刮刀将裂缝附近污垢清理干净。

插画__黄雅方 / 内容咨询__特力屋

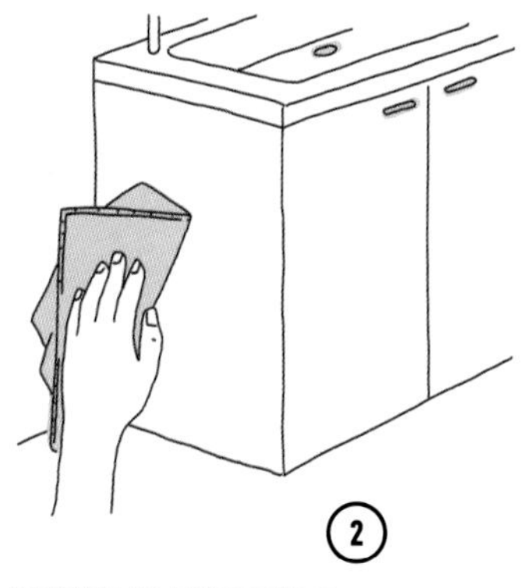

用抹布沾清水清洁后待干。

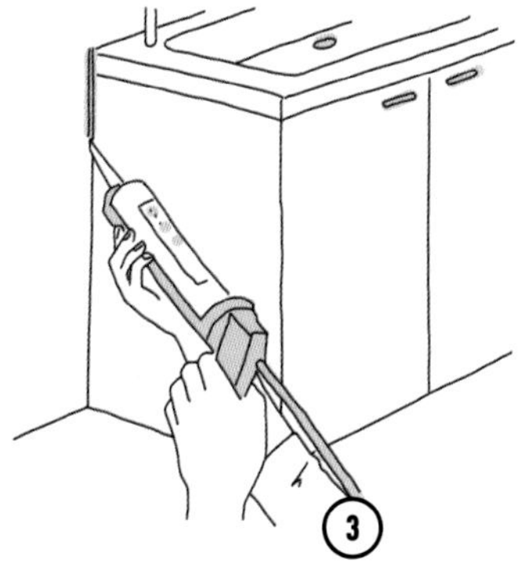

切开硅利康开口并接上尖嘴，尖嘴切45°切口，装入硅利康枪，将裂缝涂上硅利康。

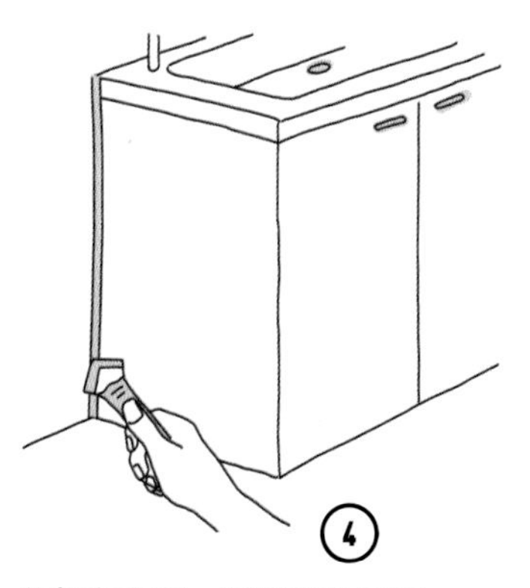

以小刮刀抹平，待硅利康干即可。

专家小提醒

1. 在填入填缝剂前，如能彻底清洁、去除松动的裂缝边缘并湿润表面，可使填缝剂的附着力与强度达到预期效果。

2. 各类填缝剂均需依说明、步骤使用，尤其注意有不同的硬化时间，不可提前做表面的修补。

Q2.

用补土来解决水泥操作台的裂缝！

专家解答

厨房操作台易潮湿，水泥结构的柜体经常会产生裂缝，如果能自己进行简单的修补，不但可延长柜体的寿命，还能保持使用上的舒适与美观。

TOOLS 材料、工具

防水补土

批刀

滚筒

手套

砂纸

修缮步骤

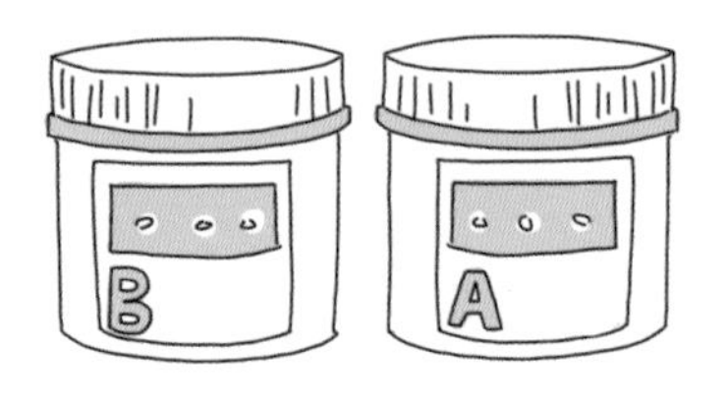

①

水泥操作台裂缝补土。补土是一种已调好的修补墙面材料，所以使用时不用再加水混合。市售的补土又分为两种：传统的补土和不收缩补土。

插画__黄雅方 / 内容咨询__特力屋

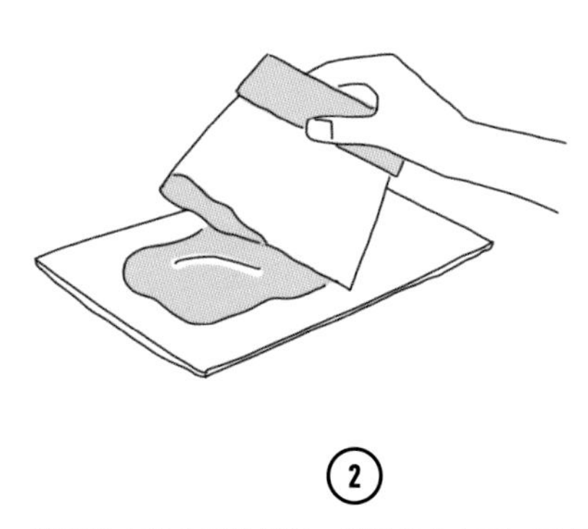

放在补土板上开始搅拌，适当施力向下，重复数次。

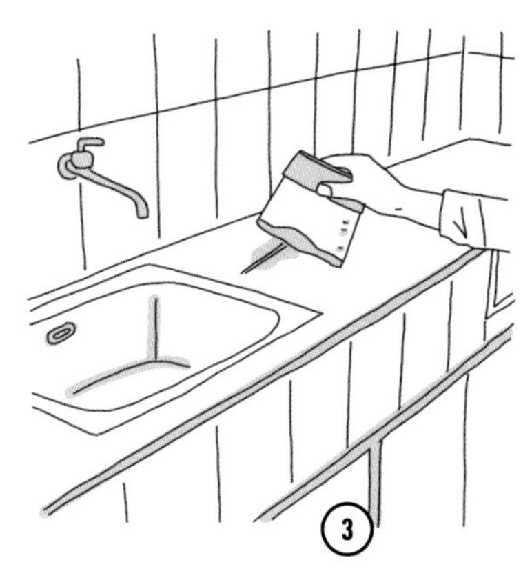

靠在水泥台面上顺势均匀涂。

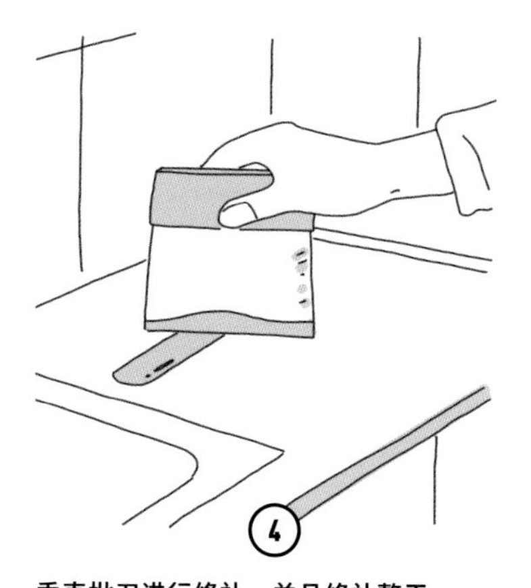

垂直批刀进行修补，并且修补整平。

专家小提醒

1. 传统的补土：可将补土直接涂于墙面凹洞或裂缝处，但在干燥时会发现补土有些收缩，所以在凹洞处仍无法如墙面一样平整，此时可再进行第2次补土，干燥后使用砂纸磨平墙面即可。

2. 不收缩补土：具有不收缩的特性，可一次完成，使用简便。只需将不收缩补土补于凹洞或裂缝处，待干燥后用砂纸磨平墙面即可。

Q1.

木质桌椅的椅腿断裂如何急救?

专家解答

当木质桌椅摇晃断裂时，如果断裂严重就只能直接丢弃，但如果只是小型缺角，尝试修缮断裂的椅腿，让椅子再用10年也不是问题！准备电钻与木质楔头(木榫)，尝试动手修理家中的椅子吧！

TOOLS 材料、工具

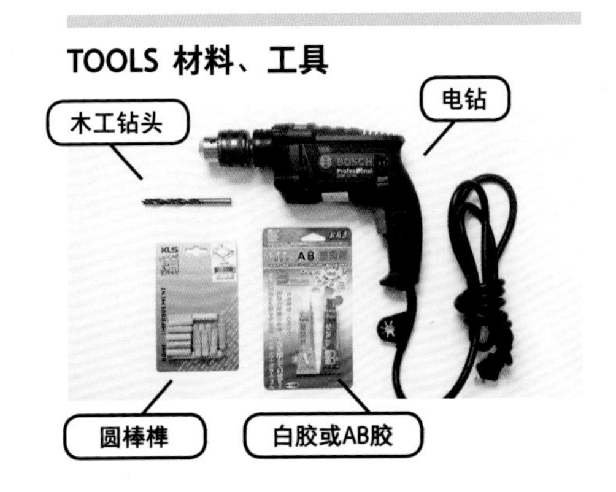

修缮步骤

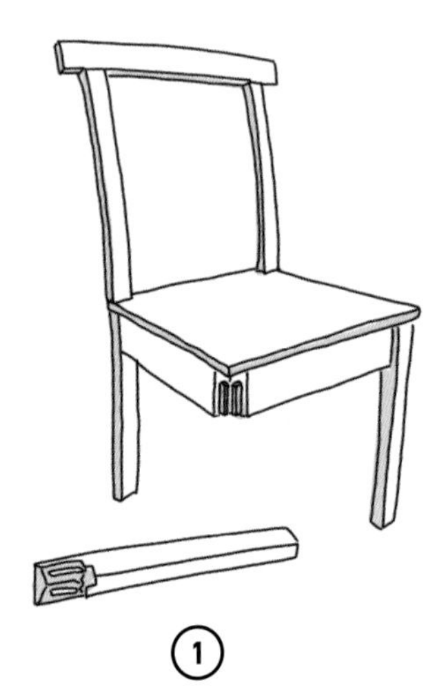

①

选择口径与圆棒榫一致的钻头，预先在椅腿上钻2～4对对称孔；钻孔深度为木榫长度的1/2，可先在钻头上用笔或胶布做记号。

插画__黄雅方 / 内容咨询__特力屋

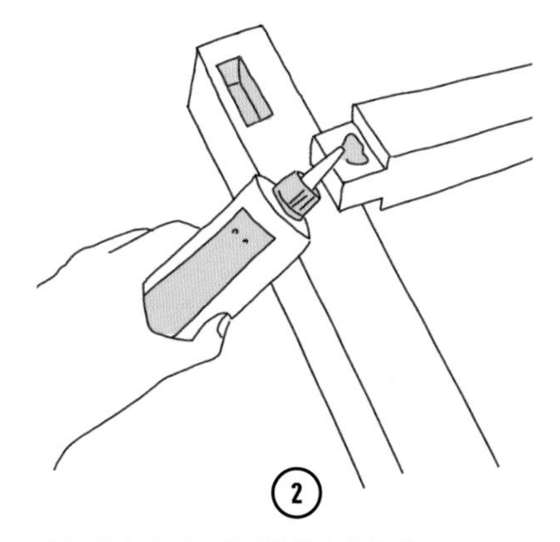

木榫蘸白胶后再将圆棒榫塞入孔内。

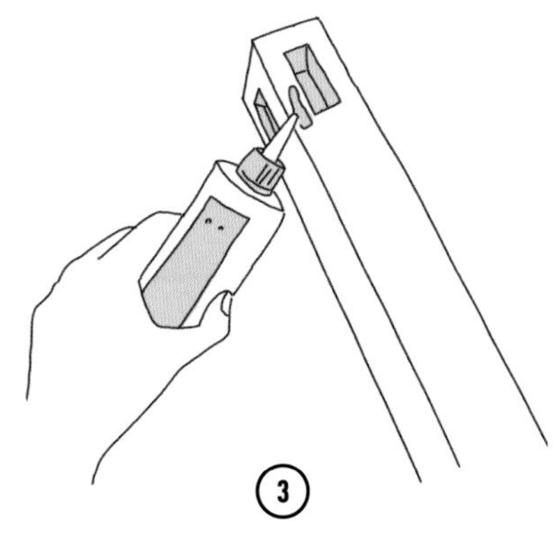

椅腿两侧断面蘸白乳胶或AB胶。

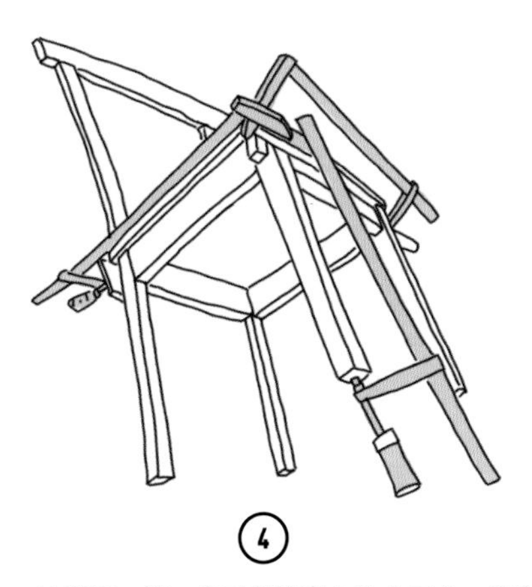

椅腿另一端，将圆棒榫塞入孔内压合，接合后，务必压合至白乳胶或AB胶干燥后再使用。

Q2.

如何解决木质家具小刮伤、小洞孔修补问题？

专家解答

当你发现心爱的木质家具有损坏，即使小刮痕、掉漆，甚至是凹洞都让人难以忍受，接下来的木器修补介绍，可以让你学到一些补救的知识；在施工要诀上，先填平凹陷伤痕后，再着色补漆，就能达到简易修补效果。

TOOLS 材料、工具

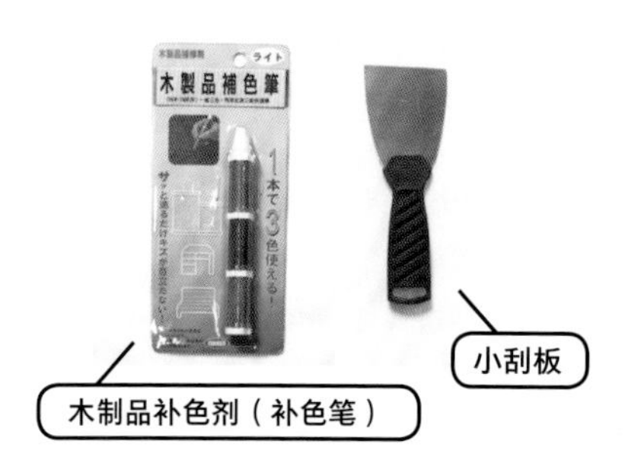

修缮步骤

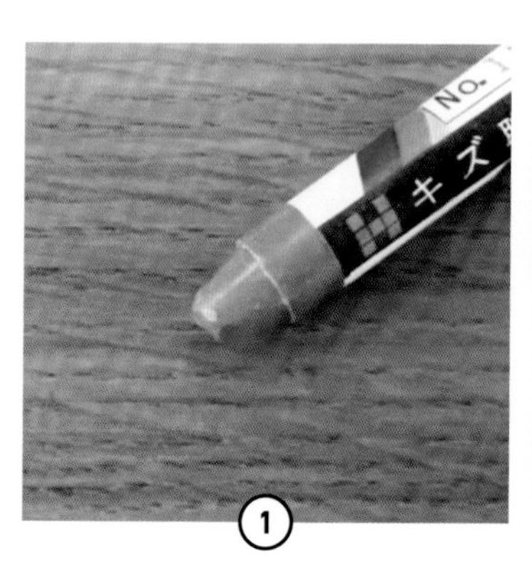

① 选择适当的颜色。

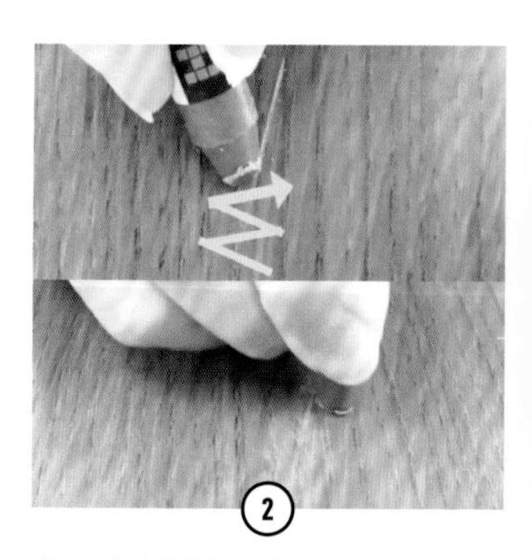

② 以90°方向磨划挤入填平。

图片提供 / 示范__特力屋

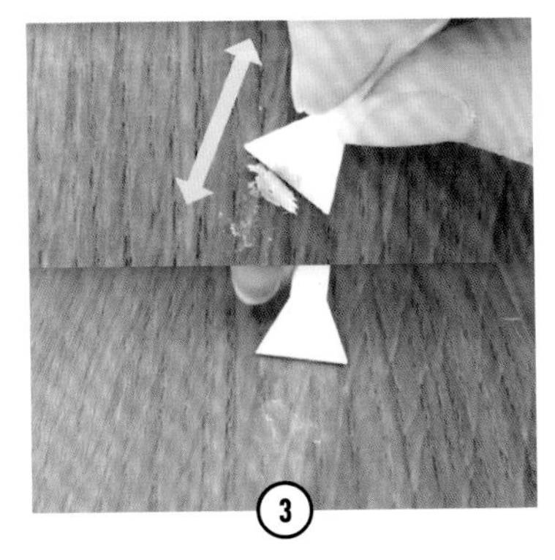

使用小刮板将表面刮平。

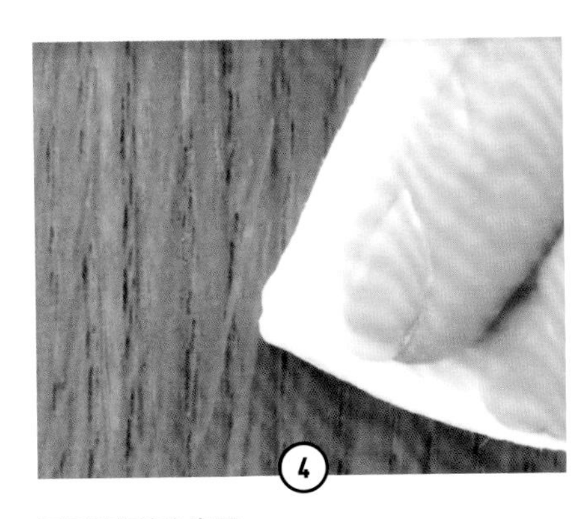

再用干布擦净表面。

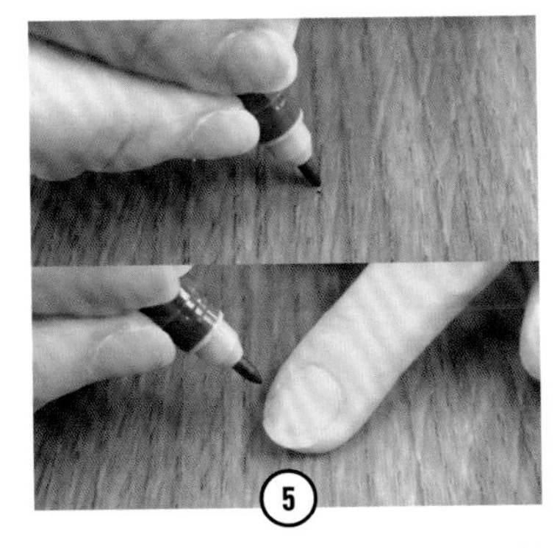

选择合适的补色笔描画衔接纹路，可以用手搓，使其自然。

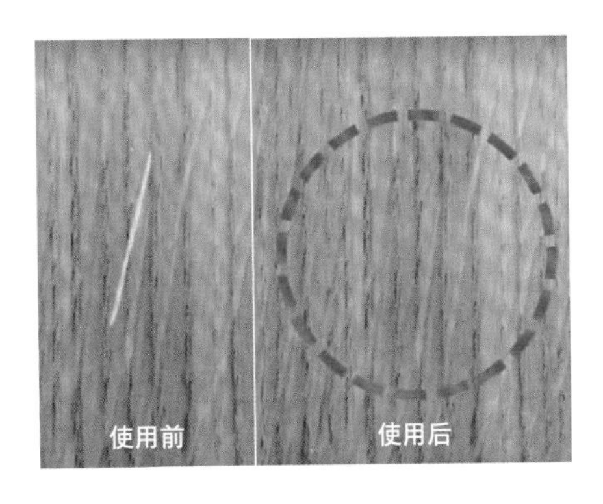

完成比较图

Q3.

如何修复发霉的木桌？

专家解答

用来摆放东西的小茶几、边桌，表面会因为发霉和污垢产生脏旧感，久而久之会让家具显得更老旧而惨遭丢弃，只要通过简单的修缮和DIY改造，家中废弃的小桌子立即成为独一无二、创意十足的精致家具！

TOOLS 材料、工具

补土

天然木蜡油
(此示范使用A507M鸽蓝色)

刮刀

刷子

砂纸150#

修缮步骤

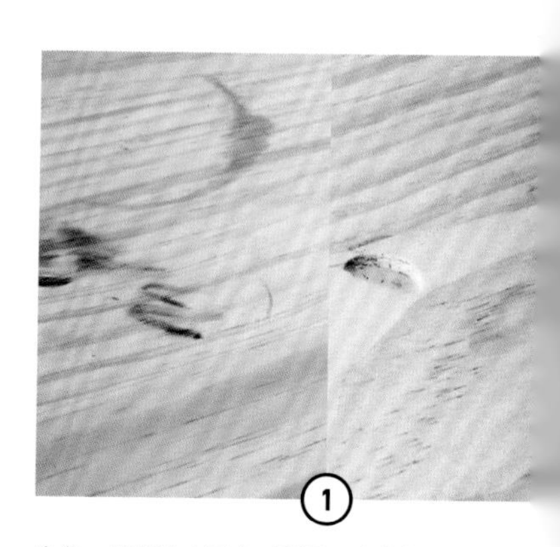

①

染色、发霉（左图）、受损凹陷（右图）的木材制品都可按照此方式作修补。确认木作为全新未曾涂装过，若有涂装过，需先以砂纸将旧涂料磨除再进行，若旧涂装已是木蜡油则不需磨除。

②

新作直接以150#砂纸轻磨，去除表面的霉菌和黑印。

图片提供 / 示范__特力屋

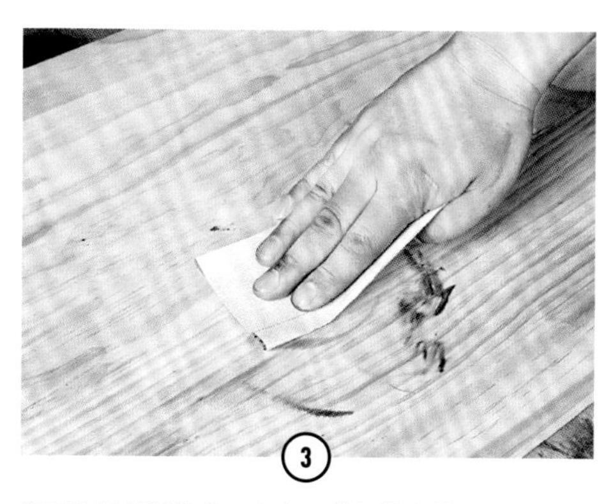

表面有受损凹陷处，在表面进行补土填平，超出表面的批土拿刮刀（尺或名片也可）将表面刮平后静置待干。

准备涂装前，用刷子或布将表面清除干净。

挑选自己喜欢的木蜡油颜色，使用前先摇晃均匀，再用刷子蘸取些许进行刷涂，也可先在小木料上试刷测试。

待1~2小时干燥后，木纹即可显现出来。

Q1.

如何修理卡住的木柜门？

专家解答

木柜门卡住，一般很难找到师傅愿意跑一趟，所支出的费用倒不如省下来自己动手修理。买个新的五金快拆铰链，使用简单的工具、步骤，就能让木柜大复活，学会换柜体的铰链，轻松将卡住的门修缮完成。

TOOLS 材料、工具

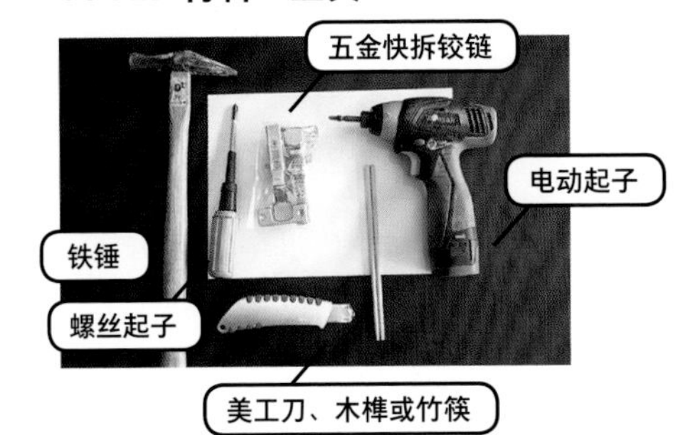

修缮步骤

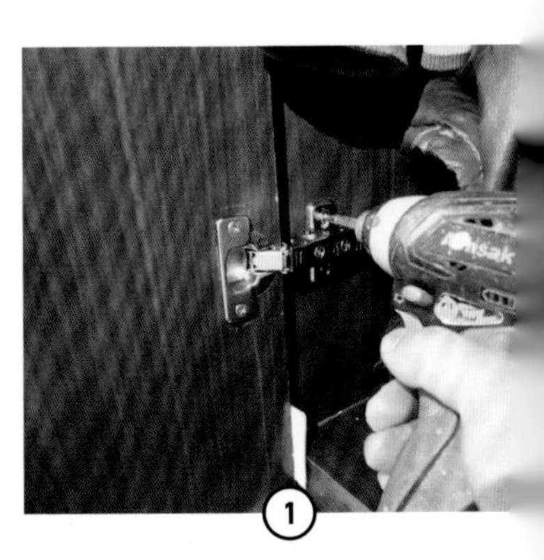

先用电动起子将附着在柜体内的五金铰链（35毫米）螺丝拆除。

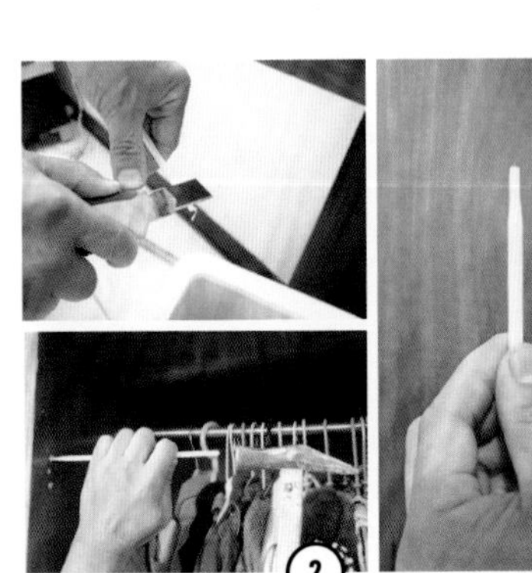

木板若已扩孔过大，为让新五金铰链能与柜体紧密结合，用美工刀将竹筷削至适当大小，并用铁锤将竹筷敲入旧螺丝孔，再折断竹筷，利用竹筷来填补旧的螺丝孔。

图片提供 / 示范__员硕室内装修有限公司

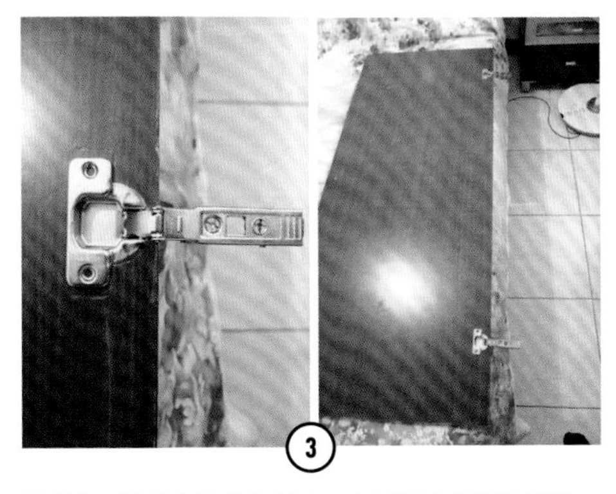

接着将新铰链固定在门板上，如果原有螺丝孔过松，同样使用竹筷填充。

装门时注意柜体要和门板平行，可将A4纸张折为方块状垫高门板厚度，让门板不要碰到另一片板或其他板件，方便调整。

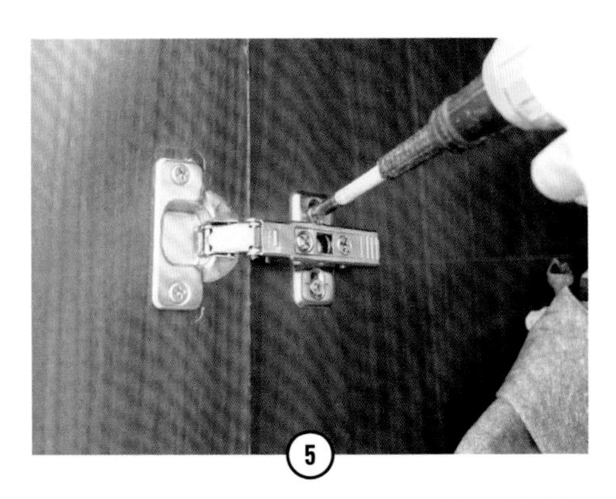

最后再用螺丝起子将柜体内部的五金铰链螺丝孔依序都固定住，即可完成。

专家小提醒

五金铰链分为35毫米和40毫米两种，薄门板适合使用35毫米，厚门板则使用40毫米。

Q2.

如何更换木柜抽屉的新滑轨？

专家解答

一般家中最常见也容易自行修复的是有滑轨木柜抽屉门，有滑轨型常遇到损坏的情况：螺丝头不平整或螺丝脱落，也可能是滑轨损坏，前者能将螺丝拆下重新锁平、锁紧或更换较大直径螺丝；后者当滑轨损坏时，可直接购买新的滑轨自己更换，市面上的滑轨以长度区分，有25～60厘米的选择。

TOOLS 材料、工具

螺丝

螺丝起子

新滑轨

砂纸、卷尺

电动起子

修缮步骤

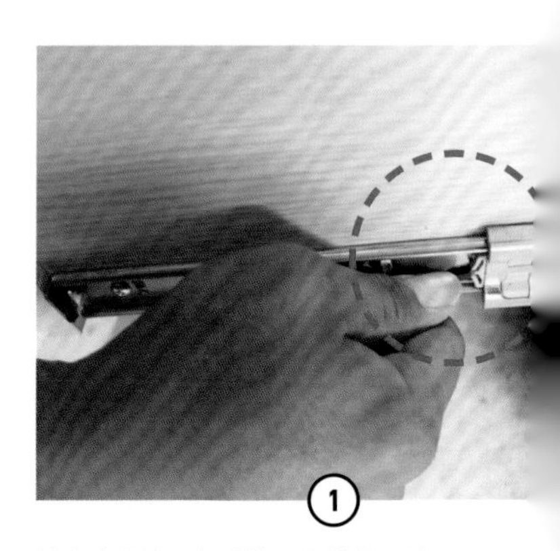

首先确定使用何种抽屉滑轨以及选择滑轨长度，并用手指按压抽屉左右两边的控制杆（红圈处），水平拉出，将柜体与抽屉分开来。

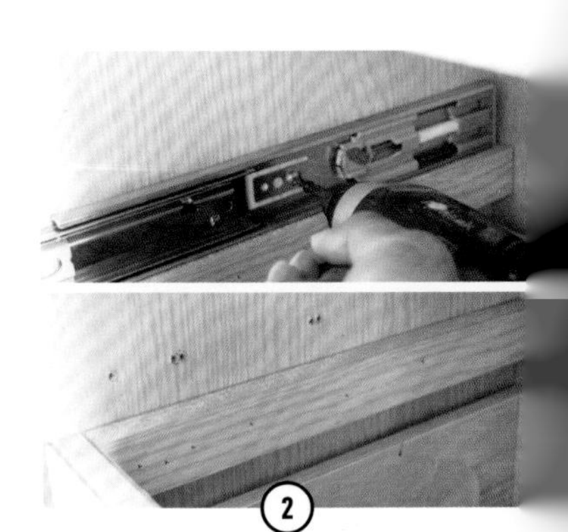

使用电动起子将柜体内的轨道螺丝取下，拆卸轨道。

内容咨询__特力屋、员硕室内装修有限公司 图片提供 / 示范__员硕室内装修有限公司

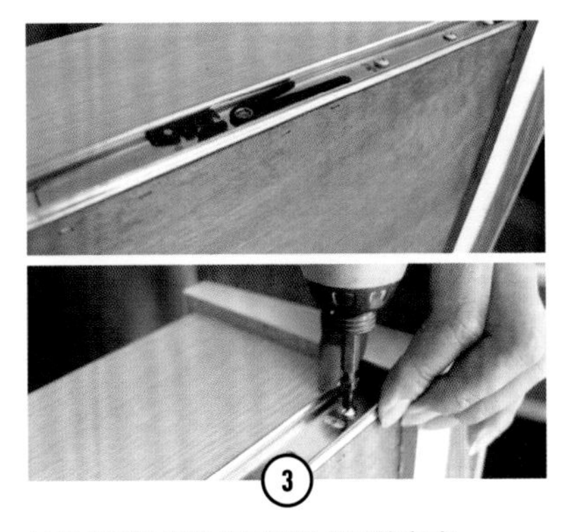

抽屉的滑轨拆卸也是使用相同的方式。

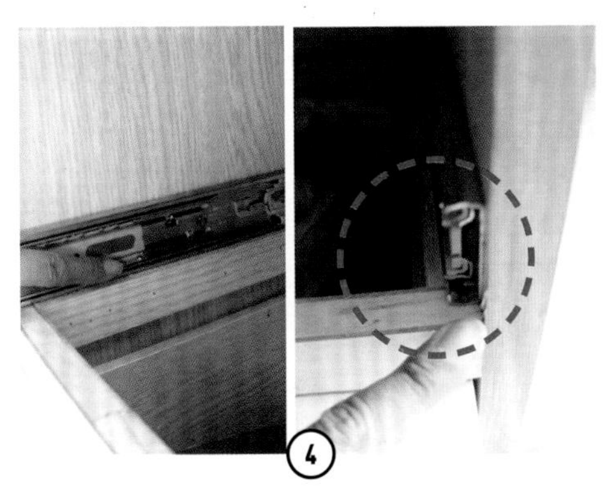

左右两边都换上新的滑轨后，要特别注意柜体处的五金要和前边缘对齐（红圈处）；最后滑轨固定，务必检查螺丝头锁平，以免造成抽屉抽拉时的不顺或卡住。

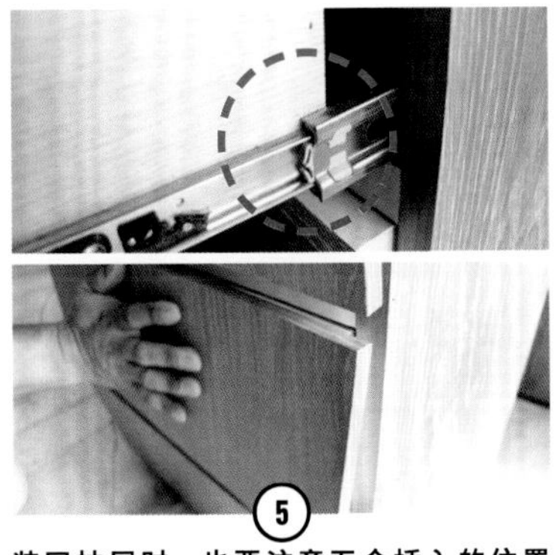

装回抽屉时，也要注意五金插入的位置（红圈处）；接着将抽屉来回多次推拉，检查更换后的效果。

专家小提醒

木柜抽屉可分为无滑轨和有滑轨两种类型，无滑轨最常遇到的情况是板材变形，轻微者建议可将抽屉来回多次推拉，直到抽屉拉出用砂纸研磨变形端，修复至适当尺寸，严重损坏则较难自行修复，建议送至原厂修理或整组更换。

Part

8

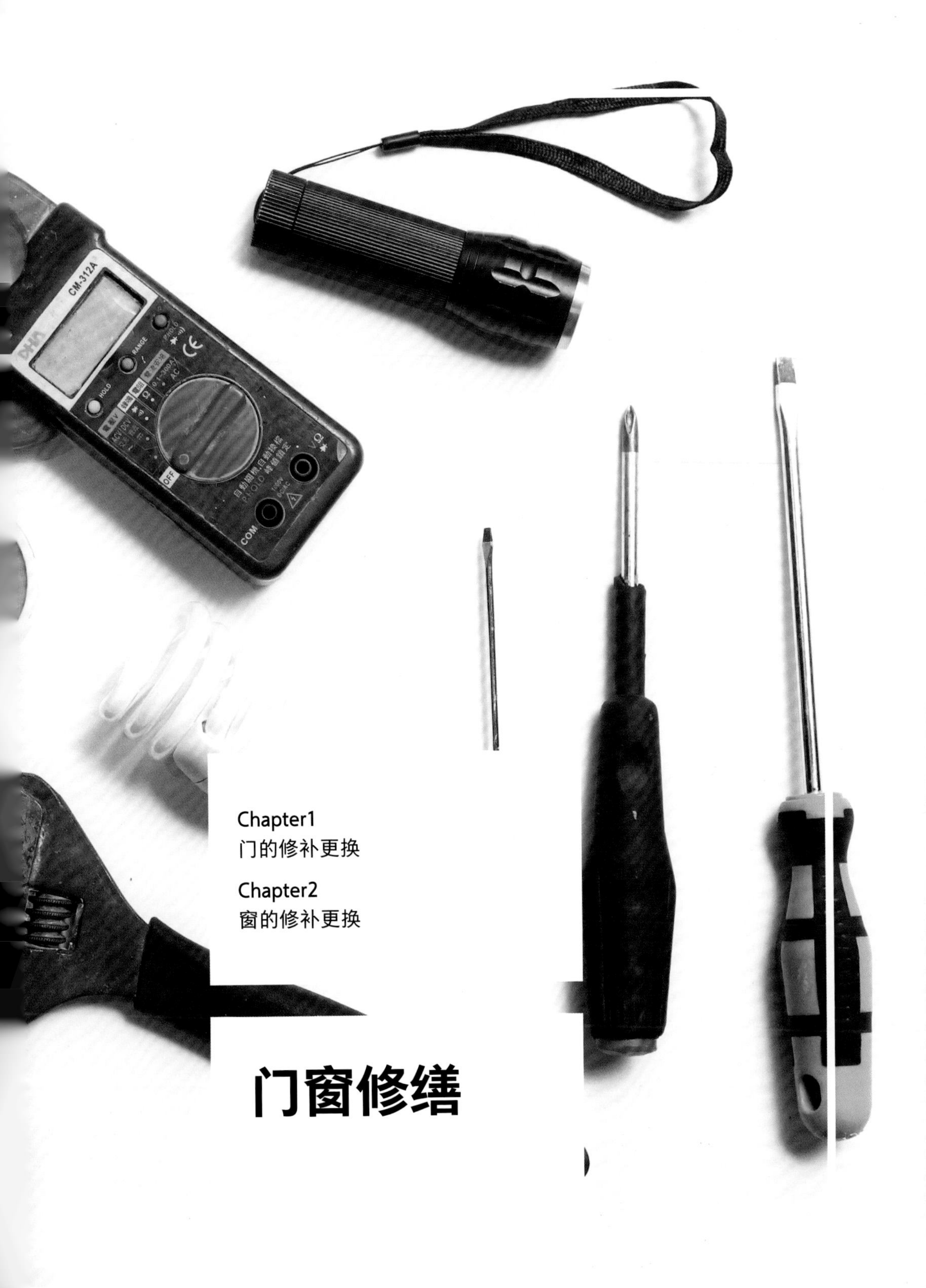

Chapter1
门的修补更换

Chapter2
窗的修补更换

门窗修缮

Q1.

如何修理橱柜门板上的五金？

专家解答

橱柜的门板松脱，若从橱柜厂商或厨具厂商购买，可请厂商来维修，不过若超过保修期，一般需要支付费用。若是订制的木作橱柜，通常很难找到木工师傅愿意来协助，因此多数自己动手换。其实自己更换也不难，先确定柜子铰链的尺寸，不同门板适用不同尺寸。

TOOLS 材料、工具

电动起子

免洗竹筷

全新五金铰链

十字螺丝起子

修缮步骤

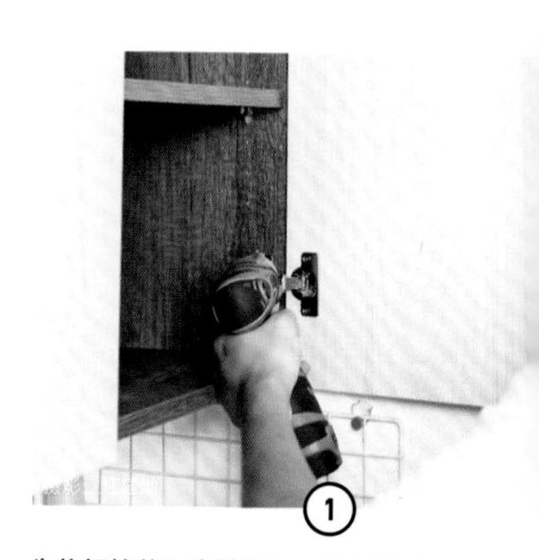

① 先将坏掉的五金件取下。用电动起子是比较省力的方式，若是家里没有电动起子，也能使用十字螺丝起子。取下的顺序建议先拆附着在柜体的五金铰链螺丝，再拆门板上的五金铰链螺丝。

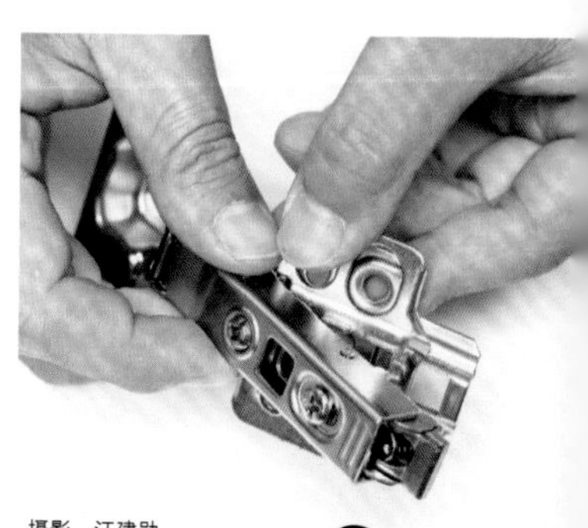

摄影__江建勋

② 组装买回来的进口五金铰链；通常产品会附说明书，只要装上即可。

示范__今砚室内设计

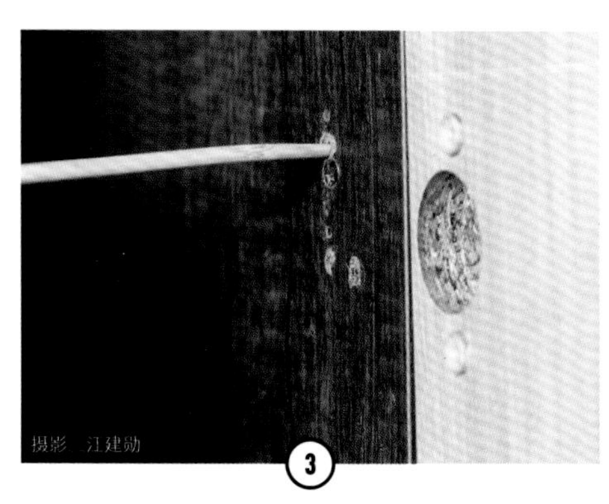

为让新五金铰链能与柜体紧密结合，会在原有的螺丝洞口加入白乳胶，再用免洗竹筷填补。

用美工刀切割竹筷，使其与柜面平齐，再将五金铰链固定上。

将新五金铰链先放在要装的柜子及门板试装，以确定位置。要装铰链之前，先用一把尺或木条将柜铰链调整至垂直的角度，才不会装歪，不至于造成门板倾斜。

修缮步骤

示范＿今砚室内设计

更换安装的顺序，先将门板上的螺丝孔固定。

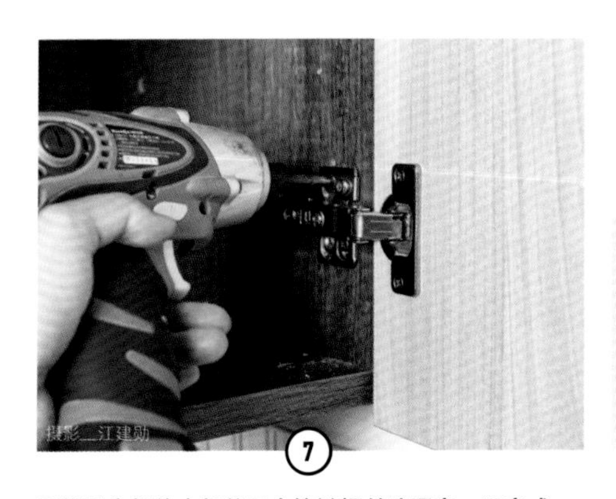

再将固定柜体内部的五金铰链螺丝孔固定，即完成。

专家小提醒

一片门板铰链通常会有上下两组，虽只坏掉一组铰链，但因受力不等，最好两组都更换，才不会过不了多久又要换另一组。

Q2.

柜体门缝太大或上下不齐怎么办？

专家解答

橱柜的门板门缝太大或是上下不齐，导致门板关不紧密，很容易爬进虫子或蟑螂。一般来说，如果对开门板的门缝太大或无法平齐，最简单的方法就是调整固定螺丝。市售的德式铰链比较容易调整，靠近里面的深度螺丝主要用来调整门板的前后位置，也就是门板的密合度。接近前方门板的侧面螺钉用来调整门板与柜体的缝隙宽度。

修缮步骤

示范＿今砚室内设计

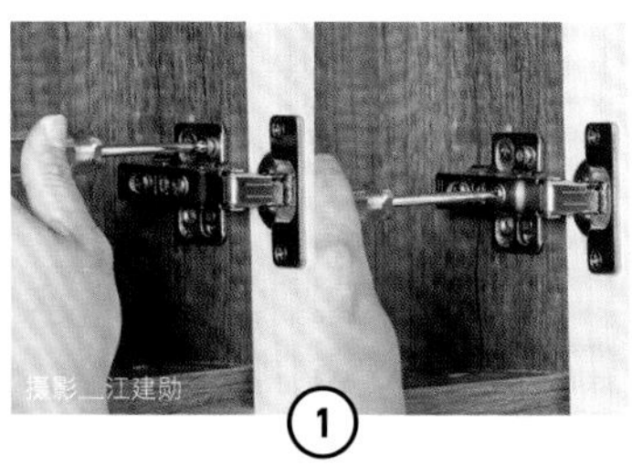

摄影＿江建勋

① 若门板上下不齐，可以调整固定柜体铰链五金的上下螺丝来调整门板的上下高度齐平。若是门板中间缝隙太大，则可以调整柜体内的铰链五金中间的螺丝。尤其是靠外侧门板的螺丝，主要是微调门板的左右方向，让门板可以密合。

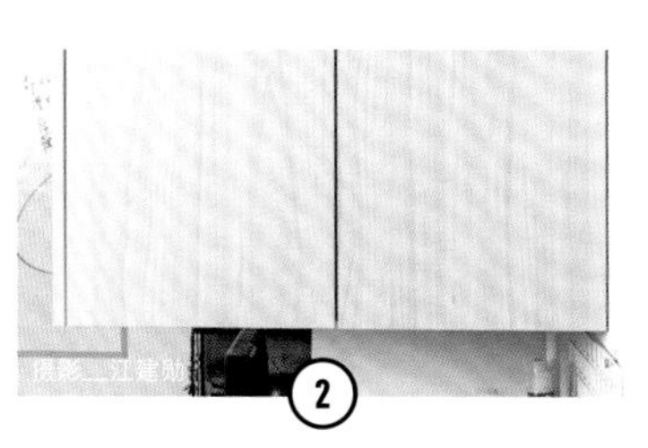

摄影＿江建勋

② 门板密合后，就不怕蟑螂入侵。

TOOLS 材料、工具

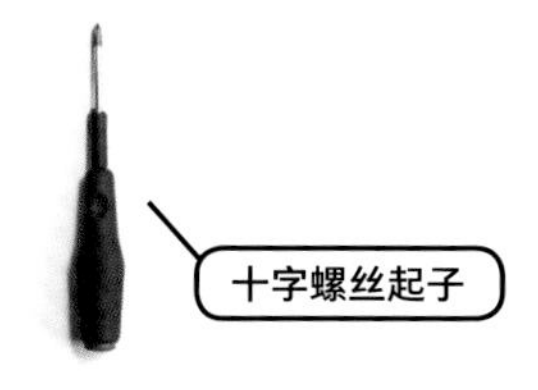

十字螺丝起子

专家小提醒

这种问题较难找到木工师傅前来帮忙，即使是购买有保障的橱柜，也要付费用，因此通常建议自己来比较快。

Q3.

如何更换坏掉的浴室门板？

专家解答

家里浴室门板坏掉，请师傅来处理，有时师傅会建议连同门框一起更换才较划算，但这又涉及泥作等问题。若只是浴室门破裂或铰链松动等轻微问题，其实可自行更换。

TOOLS 材料、工具

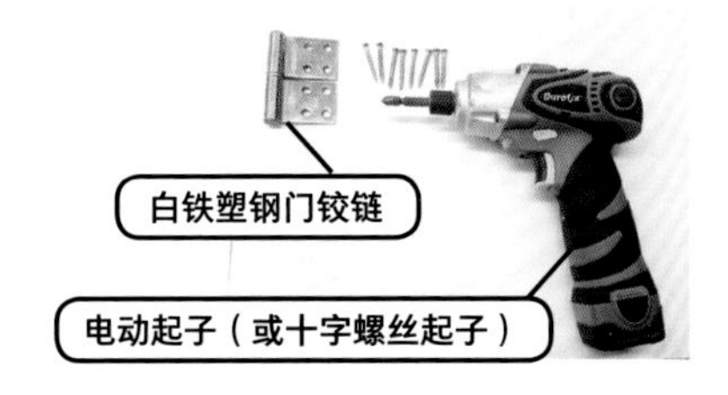

修缮步骤

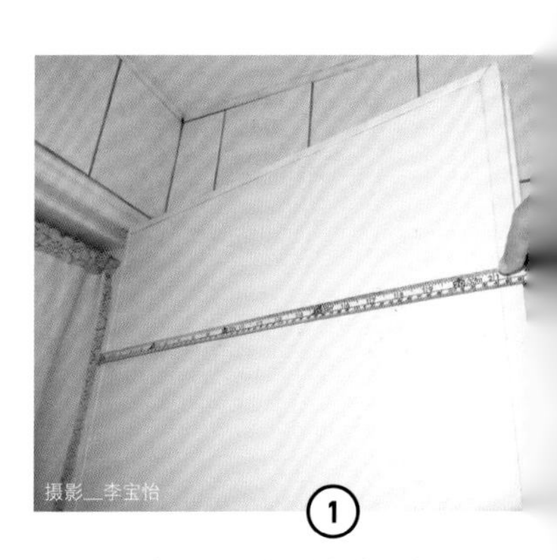

先测量原有浴室门板的高度、宽度及厚度，并测量喇叭锁安装的位置，购买时，记得要注明尺寸大小、开门方向和门板样式、颜色。也可请商家协助安装喇叭锁。

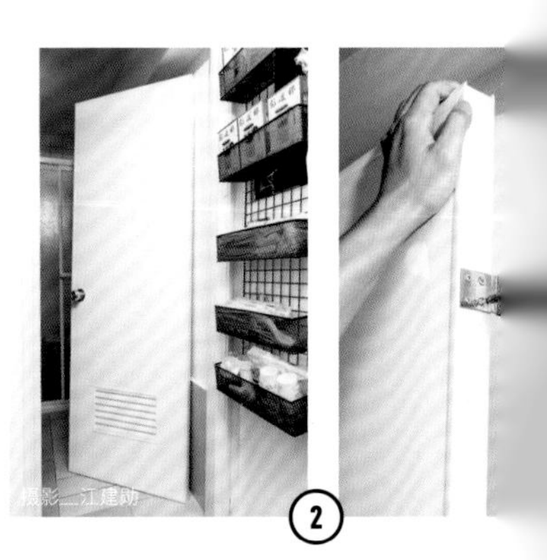

把旧的门板卸下，换上新的浴室门板。最好先比比看新浴室门板是否符合家中原有门框的大小以及喇叭锁的位置是否正确。用电动起子先将门板上的上下两组白铁塑钢门板铰链固定好。建议先固定上面的。

示范__今砚室内设计

摄影__江建勋

3

再固定门板下面的塑钢门铰链。记得将门板上四个螺丝拧好并固定。

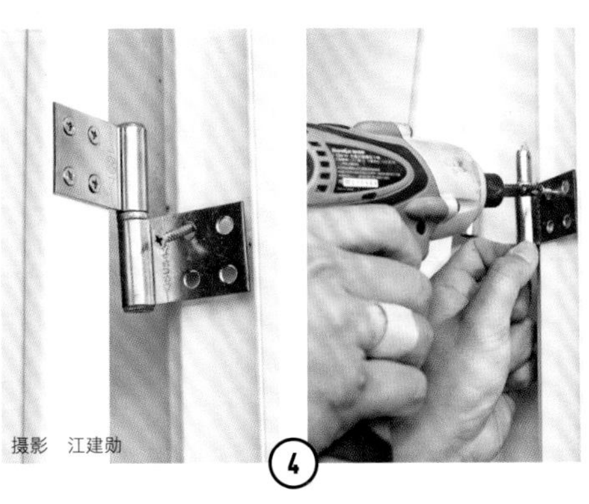
摄影 江建勋

4

将门板与门框比较确定铰链的位置，并在门框上用笔做记号。确定门框上的铰链位置没问题，再用电动起子将铰链固定上，这时只要固定铰链上两根螺丝就好，不一定要拧紧，因为若关门有些卡时还可以调整位置。

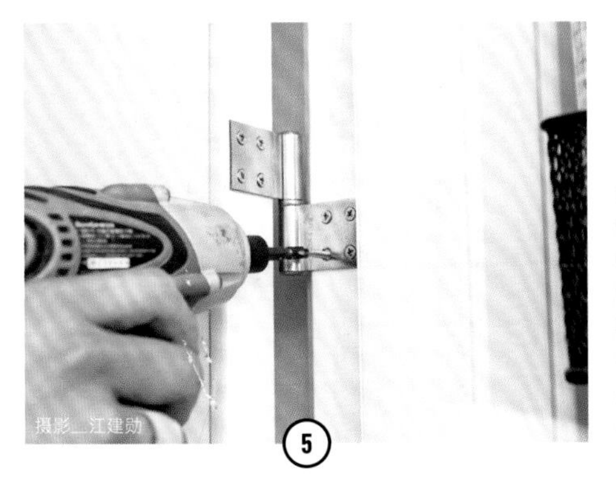
摄影__江建勋

5

将门板与门框的铰链上下两组都对上，若门的开合没有问题，即可以将所有螺丝固定。

专家小提醒

一般家里的浴室门板材质因为潮湿问题使用防水耐潮的塑钢板较多。可以自行测量原有浴室门板的尺寸，包括高度、宽度、厚度以及开门方向、门板样式和颜色，至门店询问或订购。

Q4.

如何修理喇叭锁？

专家解答

更换喇叭锁并不难，只要一把螺丝起子以及买个新锁，5~10分钟就能搞定。用卷尺由门锁中心点以水平方向测量至门边缘的距离，看此距离为多少，即为锁的型号，一般分为6厘米、7.5厘米和10厘米，这里以6厘米型的喇叭锁为示范。在更换喇叭锁时要注意由内侧门把手做拆除，因装有防盗装置，由外侧无法顺利进行拆除。

TOOLS 材料、工具

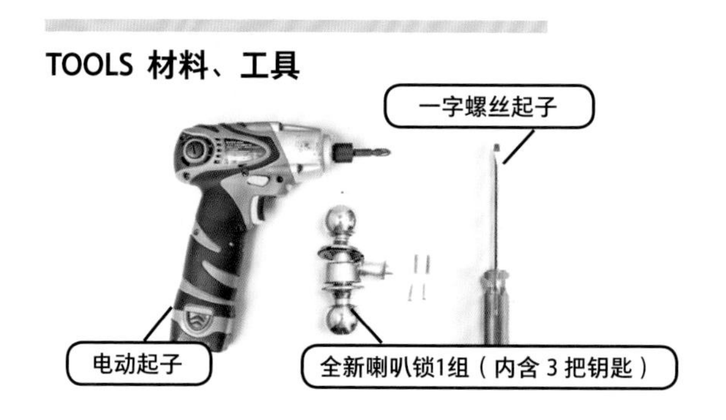

修缮步骤

拆锁

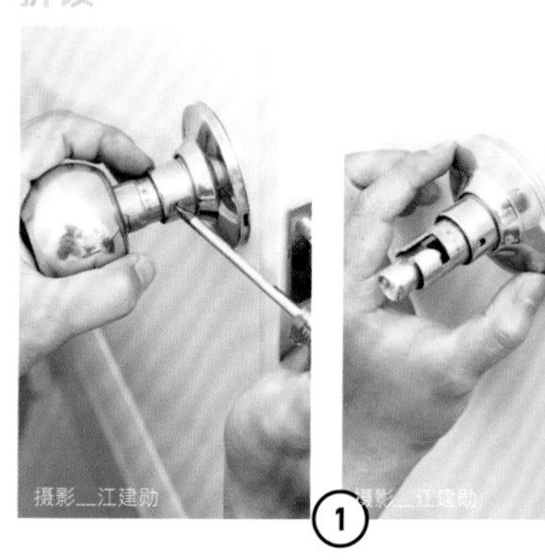

1 用十字螺丝起子插入门板后面扭转内侧门把上的小孔，喇叭锁门把便能松动拿起。再用一字螺丝起子将喇叭锁盖板松动拔起。

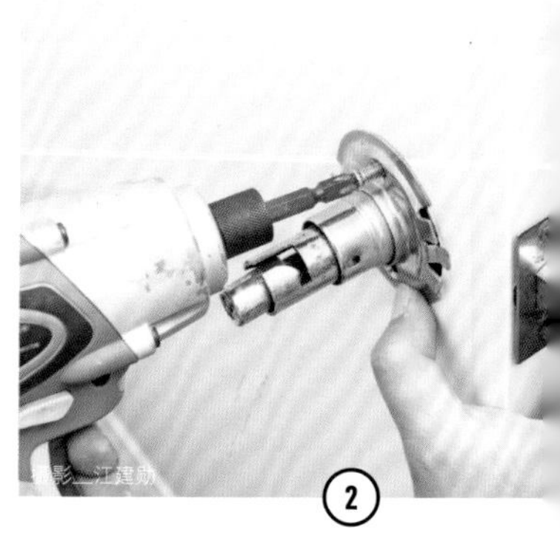

2 将门板上喇叭锁盖的螺丝卸下。用电动起子将门闩铁片上下的螺丝松动拔起，则门板外侧半个喇叭锁即可拔起。

示范__今砚室内设计

安装

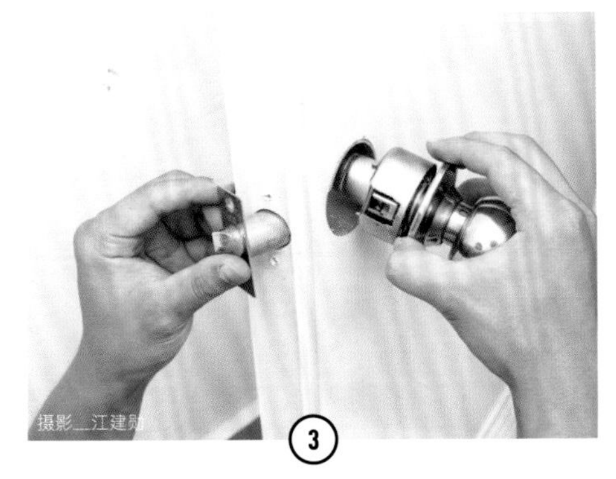
摄影__江建勋

3

注意这个门闩上柱头通常有个卡栓扣着喇叭锁零件，因此在松动喇叭锁后可以转动门闩柱头，即可分离。

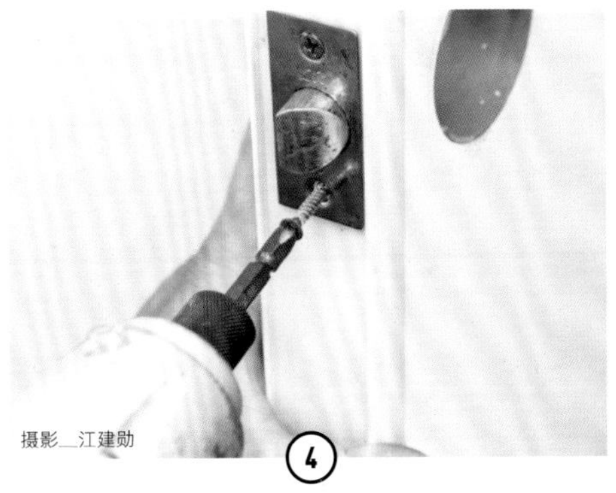
摄影__江建勋

4

先将门侧边的门闩铁片安装。

摄影__江建勋

5

从外侧门把喇叭锁零件整只由外往内放进圆洞中。要注意喇叭锁内的洞要对活铁片上的插销，并有卡住的感觉。

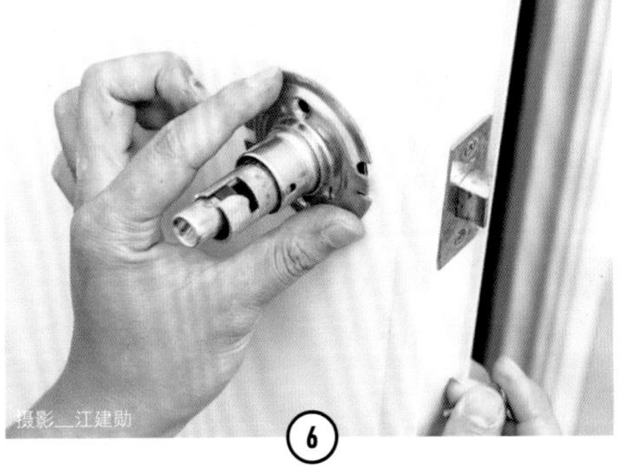
摄影__江建勋

6

再从门板内侧将喇叭锁的铁片盖穿进锁心。

修缮步骤

示范＿今砚室内设计

安装

用电动起子再将喇叭锁铁片盖上的螺丝拧紧。

将喇叭锁最外面的盖板扣住。

再把喇叭锁内侧的圆头把手套回锁心，并利用卡榫固定。

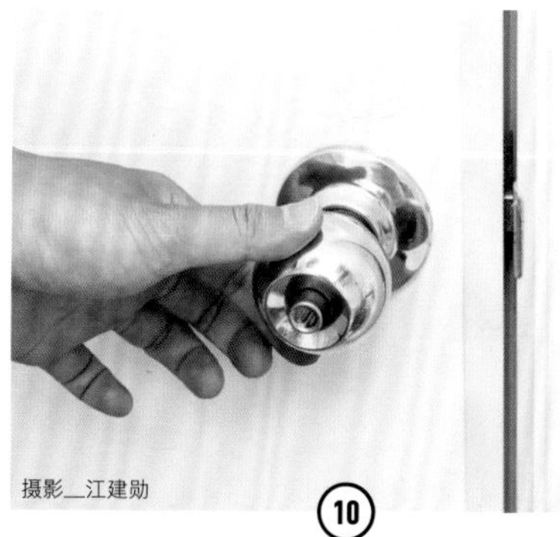

完成喇叭锁把手安装。

Q5.

喇叭锁松动摇晃怎么办?

专家解答

喇叭锁松动摇晃的情况，如果锁本身没有坏，把手还可以转动且钥匙也能运作，就有可能是喇叭锁里面的螺丝松掉了，这时只要将喇叭锁整个检查一遍，看看有哪个零件松掉，再拧紧即可。如果是螺丝的螺牙滑掉，则建议换掉螺丝即可。

TOOLS 材料、工具

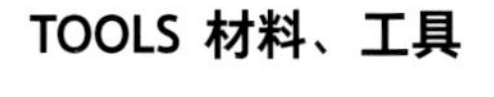

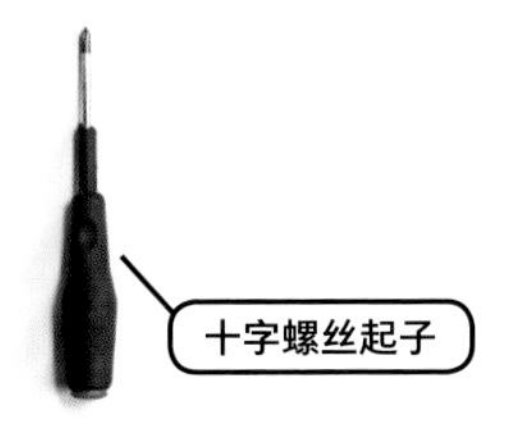

修缮步骤

示范＿今砚室内设计

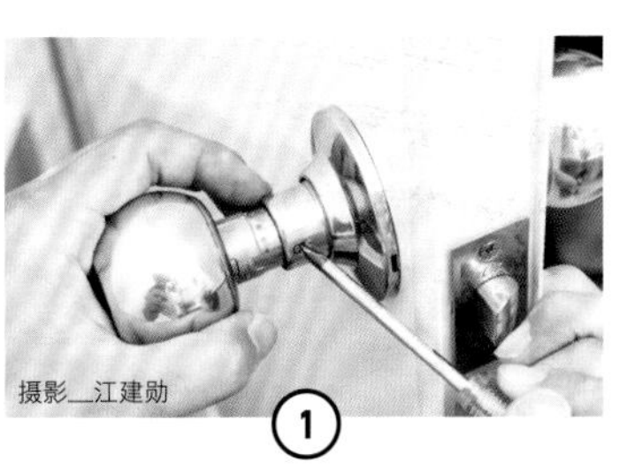

用十字螺丝起子插入门板后面扭转内侧门把上的小孔，将喇叭锁的锁心上的面板盖一一拿起，检查看看是哪里松动。

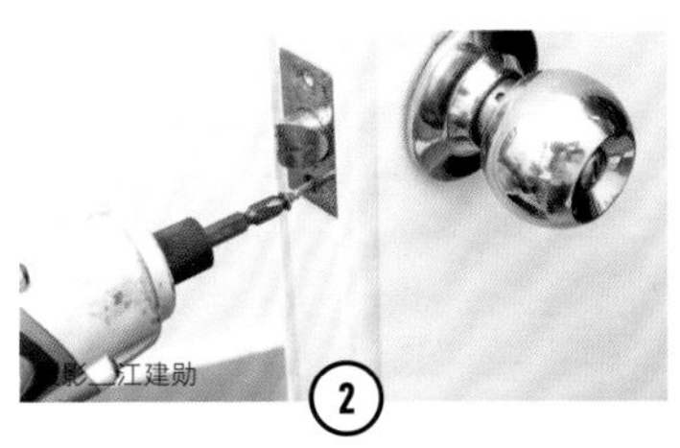

一般来说若是锁心的螺丝松动，则只要更换相同大小的螺丝，并将其拧紧即可。

或者是门板侧边的门闩的螺丝松动，拧紧即可。

Q6.

如何解决门会发出声音且卡顿的问题？

专家解答

无论是对外进出的防盗门，还是家里使用的房门，用久了五金件容易因为磨损而产生一些声音或使用起来觉得卡卡的。检查后若发现不是五金件松动，很有可能是因为门板上两片五金锁链中间因为使用过久或使用次数过多，中间的零件因摩擦耗损而太过干燥，只要在锁片中间卡榫连接处上油即可。

TOOLS 材料、工具

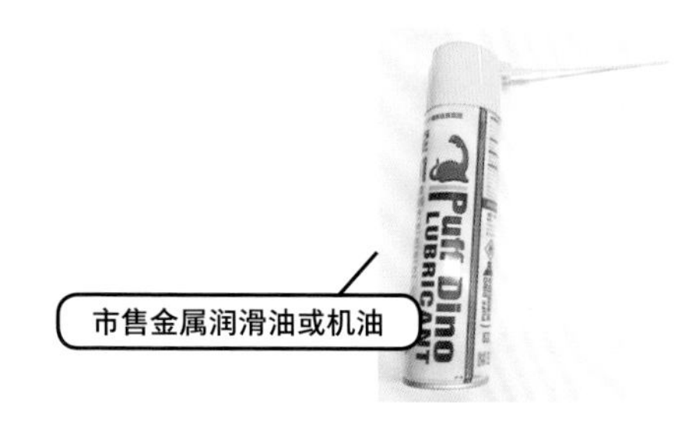

修缮步骤

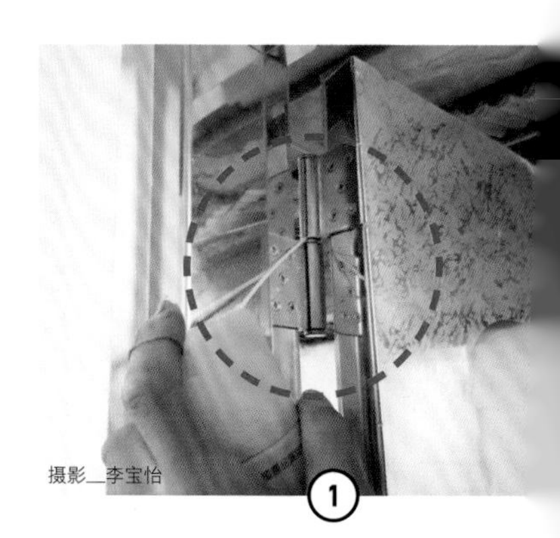

购买金属润滑油并安装其附赠的吸管头，在门板上两片锁片中间的卡榫连接处上油；可以先上门板上层锁片的油。

示范__今砚室内设计

再上门板下层锁片的油。在上油时可以转动门板，并要确认卡榫处均已吃进油。

上完油约1分钟后，可转动门板看看是否还有奇怪的声音或是有卡顿的情况发生。

专家小提醒

若是想要更实用，可以将整个门拆卸下来，在锁片中间轴心上整体上油，效果更好。

Q7.

如何解决门下缝隙太大的问题？

专家解答

有时为了开门方便会将门板往上调高，导致家中门下的缝隙过大，往往超过2～3厘米，总害怕蟑螂或蚂蚁会从这个缝隙跑进房间里。这时可以利用市售的自粘性挡尘刷，安装在门下的门板边缘，一方面阻止蟑螂或蚂蚁入侵外，同时还有除尘清扫的效果，一举两得。

TOOLS 材料、工具

美工刀

量尺

自粘性挡尘刷条

修缮步骤

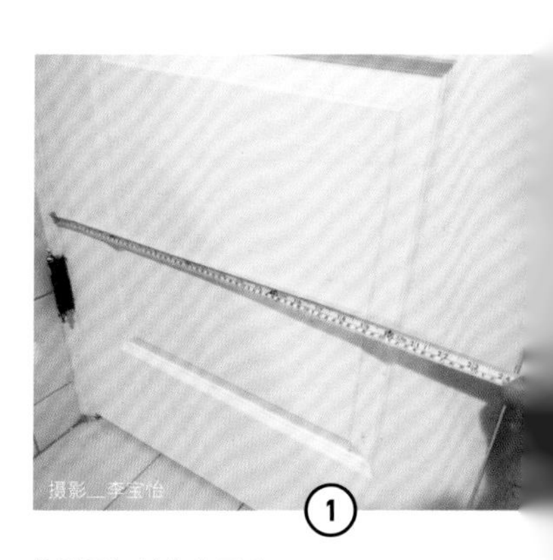

① 先测量门板宽度尺寸。

示范__今砚室内设计

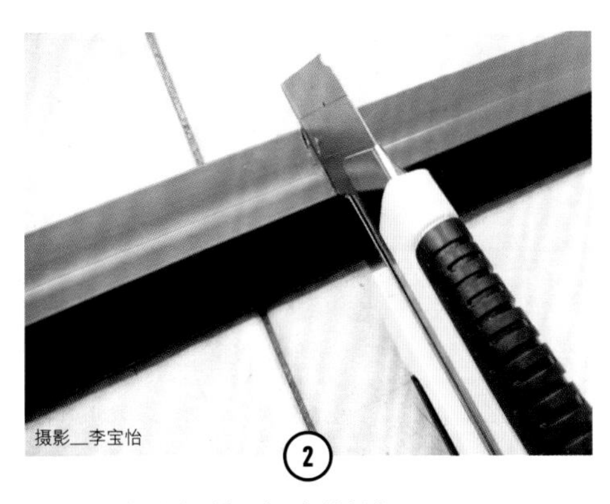
摄影__李宝怡

2

用美工刀将挡尘刷切到适合的长度。

摄影__李宝怡

3

将挡尘刷上的自粘背胶撕下。

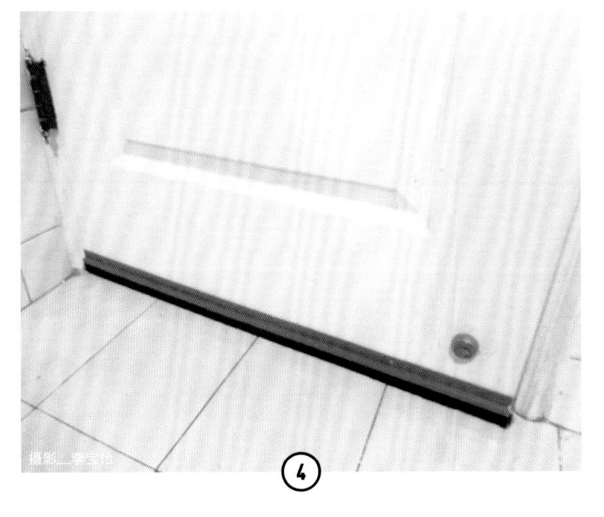
摄影__李宝怡

4

将挡尘刷粘贴在门板下方，使刷子贴近地面，让虫子没有缝隙可以入侵。

Q1.

如何更换
纱窗上的纱网？

专家解答

换纱窗只要准备好工具，也可以自己动手做。但在购买前要注意纱网的尺寸。要选择大于家里的窗框，同时压条也有粗细之分。

TOOLS 材料、工具

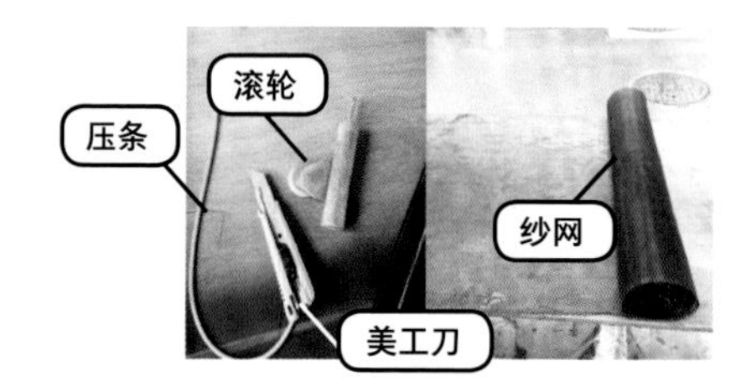

修缮步骤

先将破损的纱网拆除。

示范__今砚室内设计

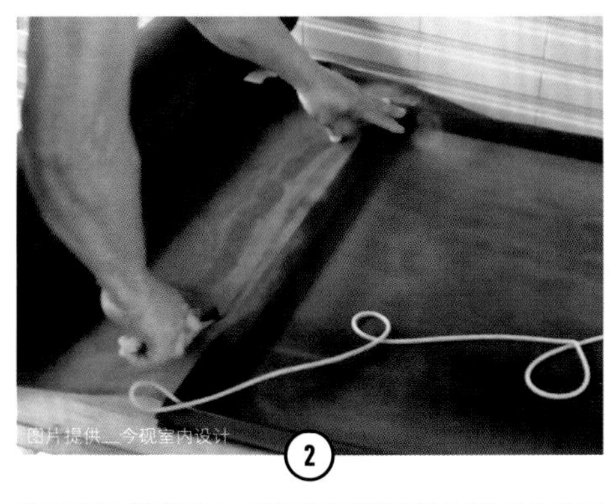

2

将买来的纱网铺平，并将纱窗的窗框埋于纱网上裁切至适当大小。注意由于要将纱网嵌入窗框内，因此在裁切纱网时上下左右都要再留2～3厘米宽度。

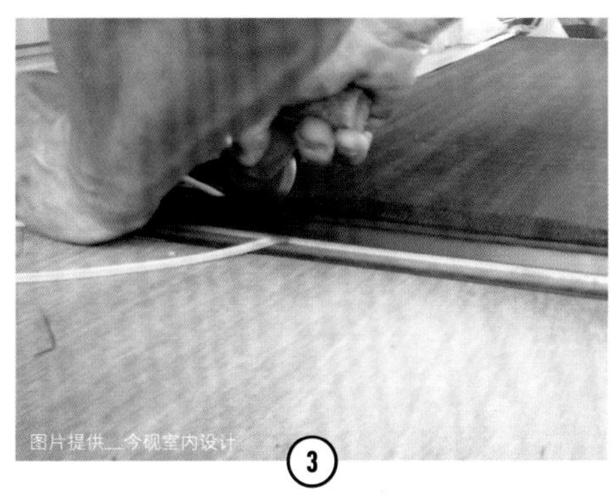

3

将纱网放在纱窗上，并用橡胶压条及滚轮将纱网的边缘固定在纱窗的窗框内。一般会从四个角开始滚压，方便收尾。而且在滚压的同时，要绷紧纱网，使之平整不起皱。

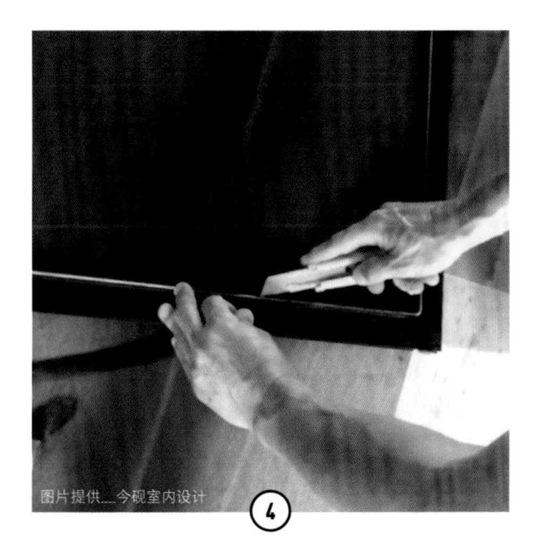

4

用美工刀将多余的压条切除，建议最好多留大约0.5厘米，以免将来边条橡皮收缩时会出现缝隙。同时再用美工刀或剪刀将多余的纱网修齐即可。

! 补充资讯

快速修补纱窗新妙招

TOOLS 材料、工具

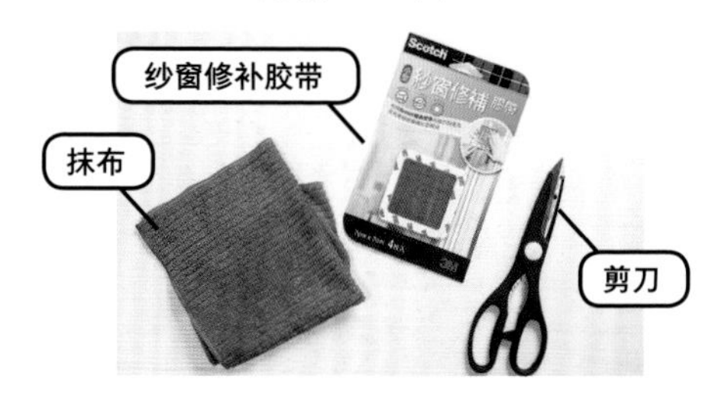

专家解答

示范__特力屋

需要为了一个小破洞换掉整片纱窗吗？利用新式纱窗贴片，简单快速又轻松修补破损纱窗，立即解决问题又不失美观。

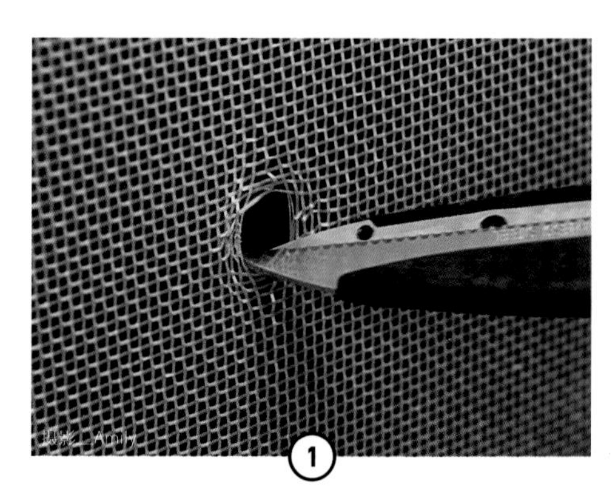

①

修剪洞口分岔虚线；用剪刀稍微将洞口分岔纱线修剪整齐，使洞口较为完整，并用抹布将周围灰尘擦拭干净。

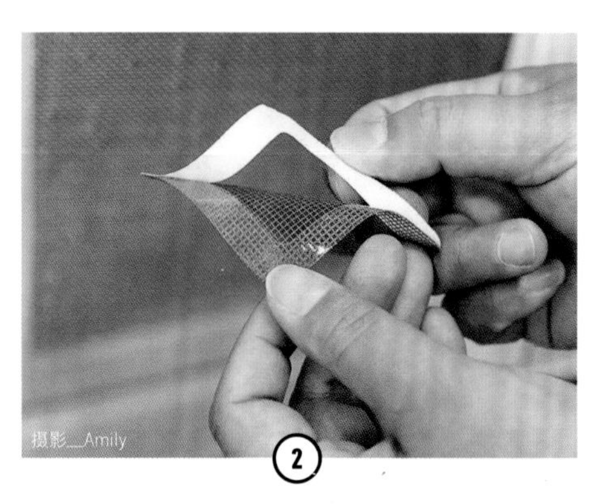

②

挑选合适大小的贴片，现在市面上共有3种尺寸的纱窗修补胶带，大型10厘米 × 10厘米、小型7厘米 × 7厘米、条状5厘米 × 200厘米，挑选一个合适大小的贴片。

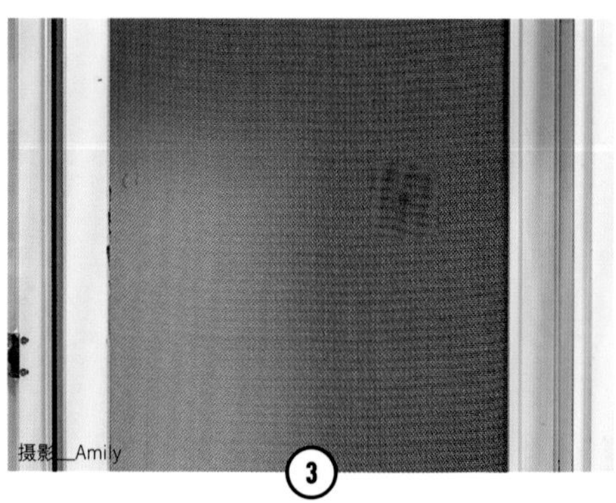

③

撕下背胶，从室内贴上贴片即迅速修补完成，省时又省力。

Q2.

纱窗跟窗户之间有缝隙，蚊虫很容易跑进来怎么办？

专家解答

若房子住久了，纱窗框歪斜而与铝窗轨道产生不到0.5厘米的细缝，特别是超过10年以上的旧式纱窗及铝窗，在不影响生活前提下，更换整个铝窗是大工程，但若不在意又怕蚊子飞进来，那么可以利用市售的自粘性塑料高发泡气密条或气密隔音防撞泡棉做修补。

TOOLS 材料、工具

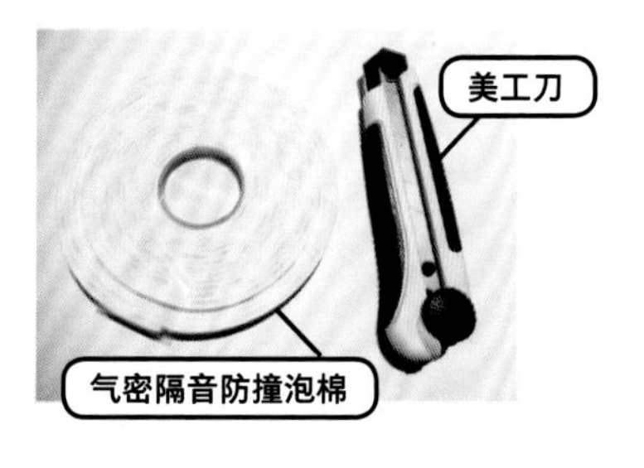

修缮步骤

示范＿今砚室内设计

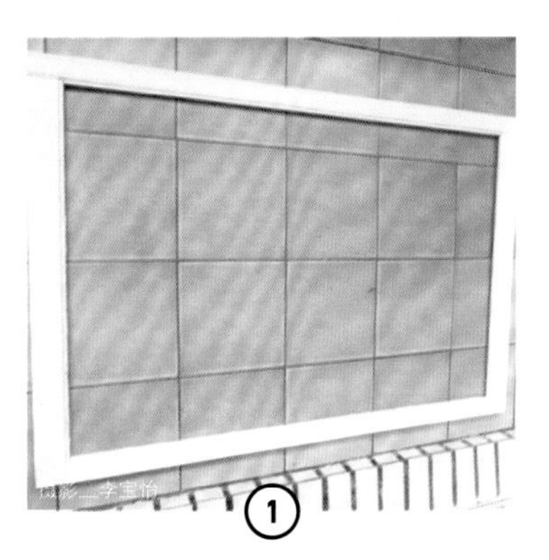

① 先将纱窗拆下，并测量纱窗的尺寸。

② 将购买来的与铝窗同色系的自粘性气密隔音防撞泡棉贴在铝制纱窗朝向铝制玻璃窗的侧边。

修缮步骤

示范__今砚室内设计

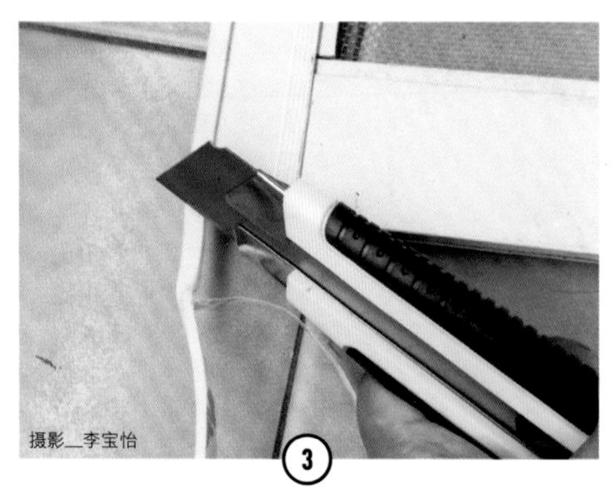

用美工刀切断泡棉。

铝窗的一侧贴满泡棉。

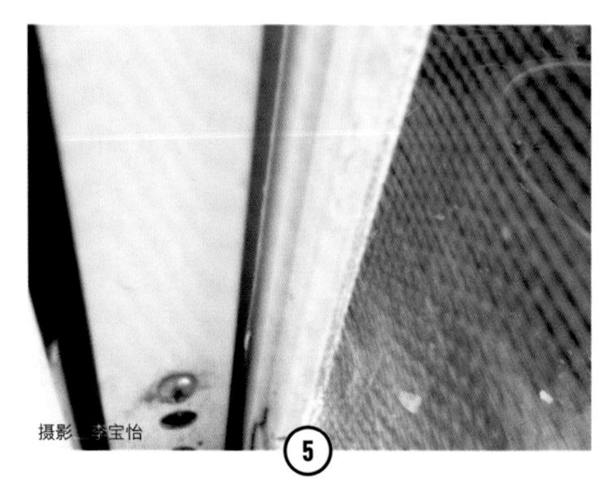

将铝纱窗安装回去，纱窗及窗户之间因泡棉卡住已不见缝隙。

Q3.

如何维持铝窗使用寿命，并让雨水不会渗入？

专家解答

每次使用时总感觉铝窗卡顿或下方总会有水渗进屋内，这时要小心，有可能是你家铝窗下方的轨道太久未清理，导致雨水排不掉而倒灌进来。最好每半年清理一次铝窗的轨道及铝料，并为窗户的轮子上油，做好保养及维修工作，才能让铝窗使用更长久。

TOOLS 材料、工具

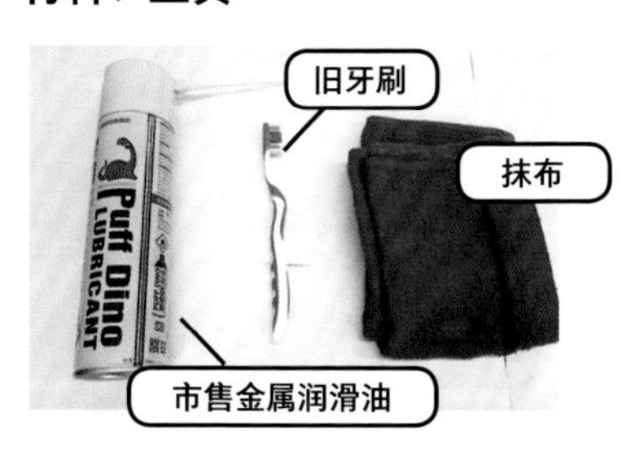

修缮步骤

示范＿今砚室内设计

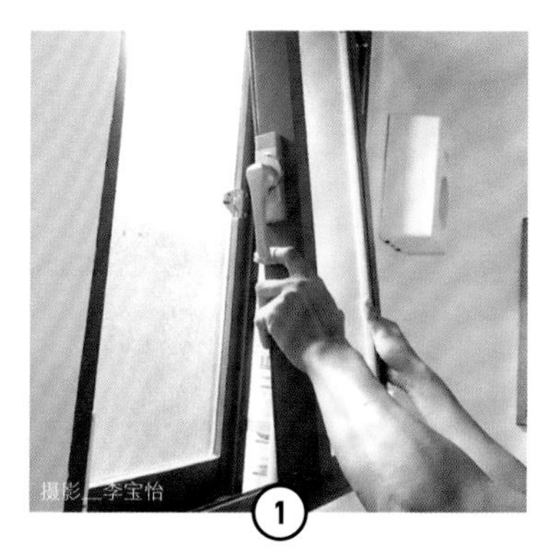

1

先将铝窗取下来。将铝窗向上抬后，从下方后推即可轻松拿下，然后将铝窗倒过来检查。

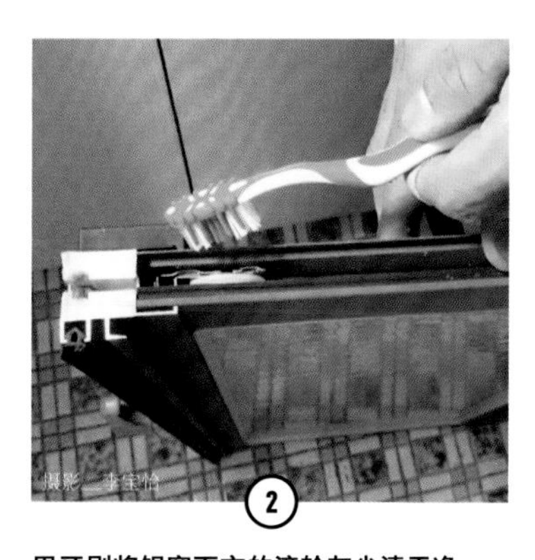

2

用牙刷将铝窗下方的滚轮灰尘清干净。

修缮步骤

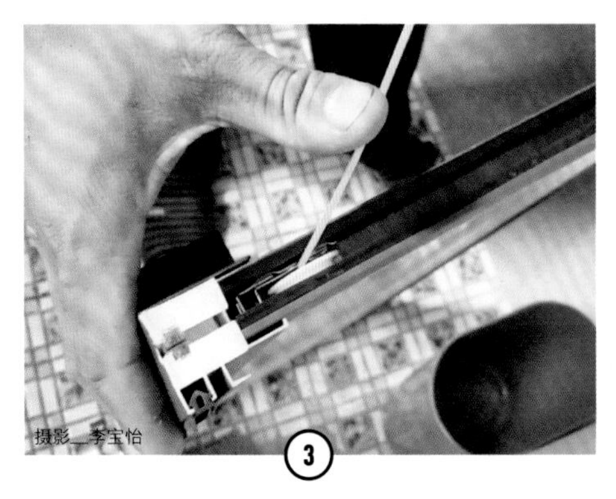

在滚轮上上润滑油，使滚轮保持良好的滚动。

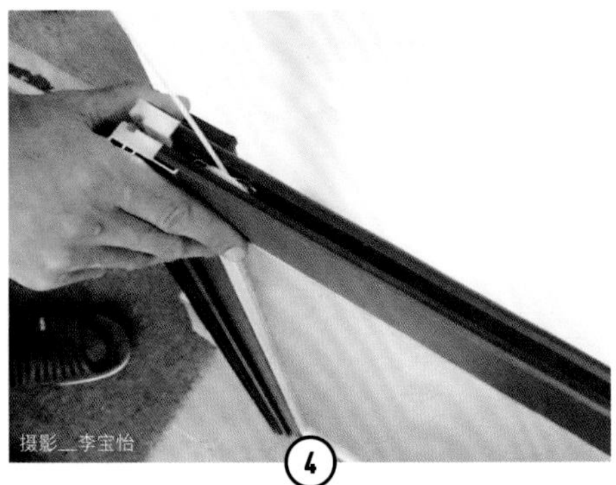

再用布将铝窗的所有铝料擦拭干净，这里也可以直接用水冲洗。

接着可用牙刷或布将位于墙上的铝窗铝料也擦拭干净。

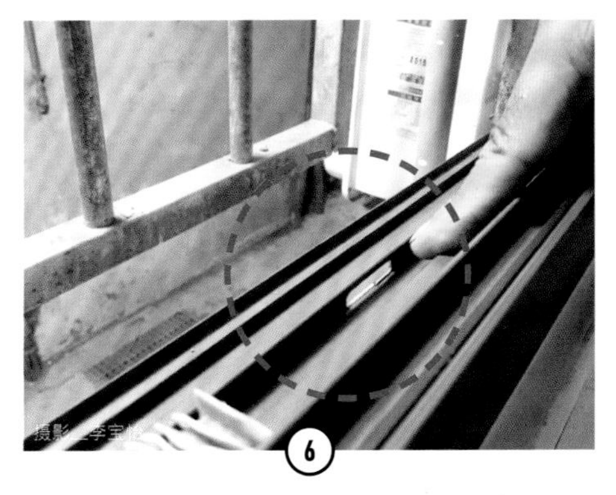

最重要的是检查铝窗轨道上的排水孔是否畅通，是否被灰尘堵塞。

将清洁完的铝窗装回。安装顺序为先安装纱窗，再安装左右两扇铝窗；装完后，记得左右拉一拉，看看是否顺畅。

Q4.

如何给落地纱门或纱窗更换滑轮？

专家解答

纱窗或纱门在使用一段时间后发现推动时扭歪卡住、容易出轨并发出尖锐摩擦声，总要双手扶正纱窗或纱门来回推动数次才能归位。这可能是落地纱窗或纱门的滑轮坏了或滑轮的铁件结构生锈，此时只要更换滑轮就好。以往旧式的纱窗更换轮子，必须拆除纱网才行，但近年铝窗技术改善，新式纱窗、纱门已不用那么麻烦，只要更换窗框的轮子即可。

TOOLS 材料、工具

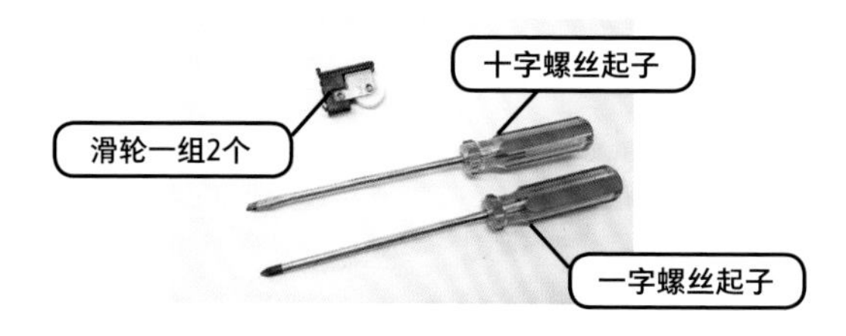

修缮步骤

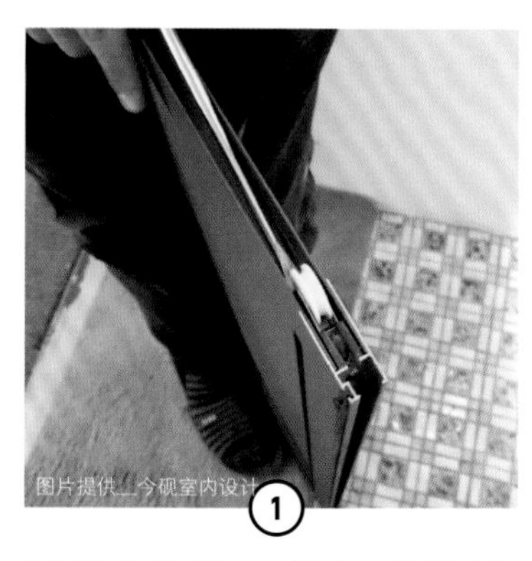

先将纱窗或落地纱门卸下，将有滑轮那面朝上。

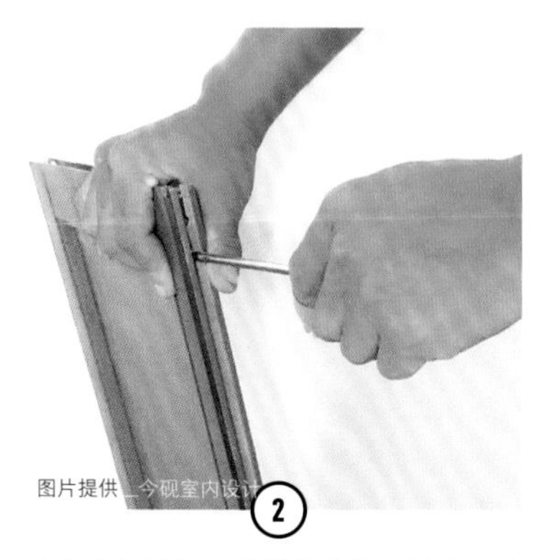

用十字螺丝起子从纱窗或纱门侧边沟隙里将滑轮螺丝卸下。

示范＿今砚室内设计

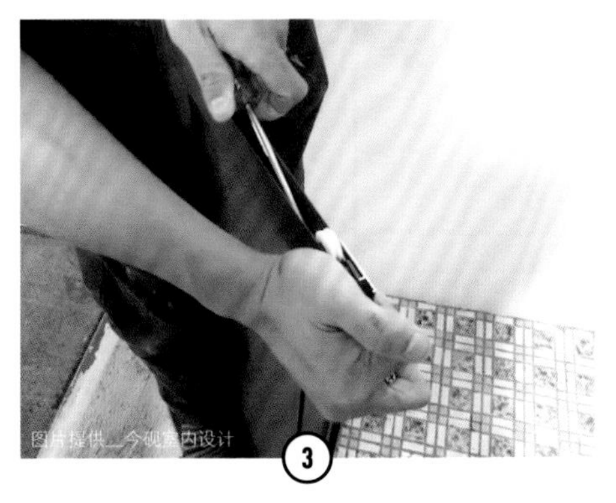

更换为一字螺丝起子，将已没有螺丝固定的滑轮的底部往上用力提起，使之脱落。这里若怕力量不够，可用铁锤敲打螺丝起子底部协助施力。

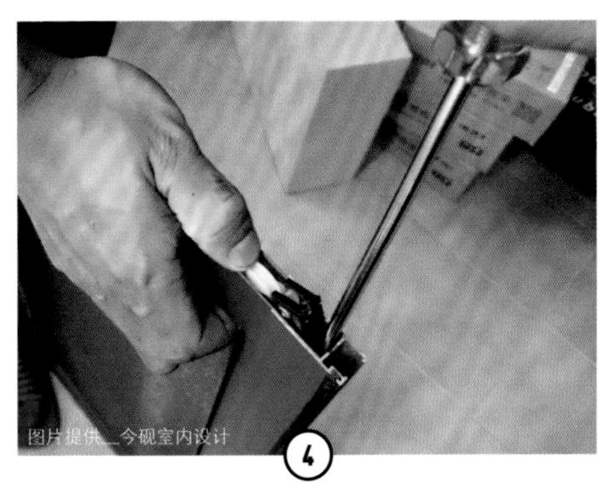

将新的滑轮压入纱窗或纱门原本的沟隙中，中间可用一字螺丝起子或铁锤协助。

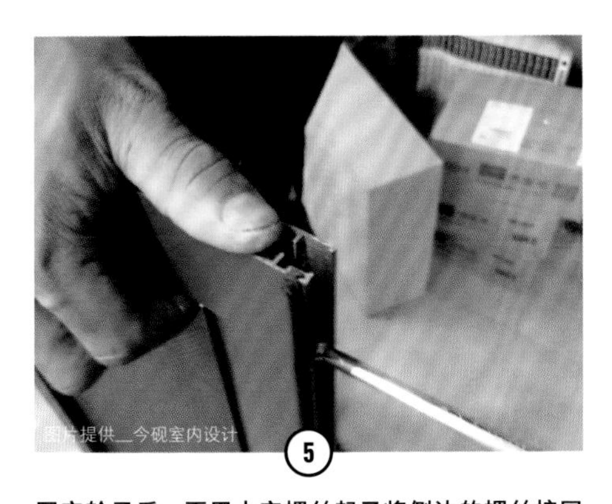

固定轮子后，再用十字螺丝起子将侧边的螺丝拧回即可。

Q5.

如何解决铝窗窗户关不紧、有缝隙的问题？

专家解答

铝窗用久了发现窗体感觉歪歪的，而且怎么关窗户或将铝窗密合都会出现缝隙。有的是缝隙上大下小，有的是上小下大。这时可检查缝隙，是否是因为墙面歪斜所造成的窗体扭曲。若不是，只有缝隙问题且铝窗也没有卡顿的现象，有可能是铝窗结构下左右两边的滚轮不平造成的，这时调整铝窗窗框下方的螺丝，调整轮子的高低即可。

TOOLS 材料、工具

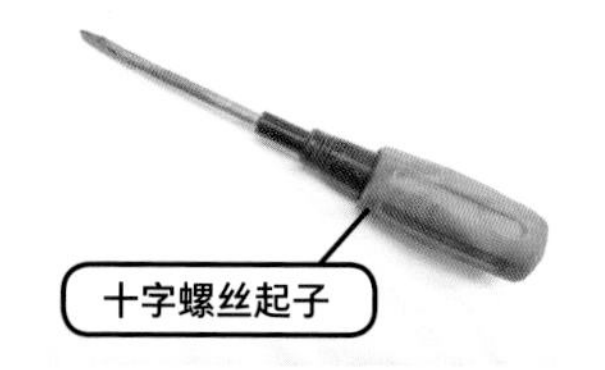

修缮步骤

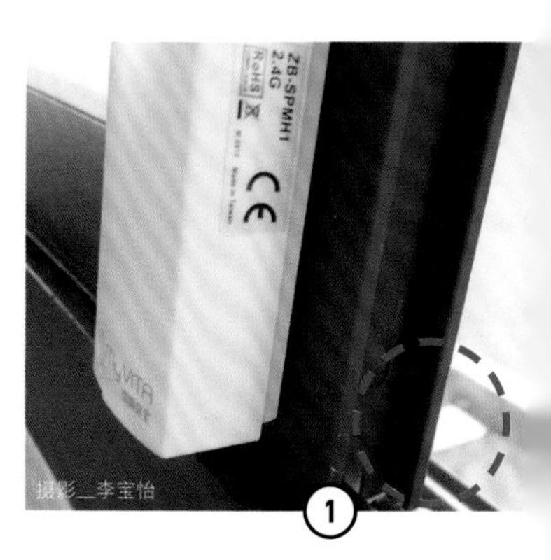

这里以窗子缝隙上大下小为例来做调整，找到位于窗框右边最低处的螺丝孔。

示范＿今砚室内设计

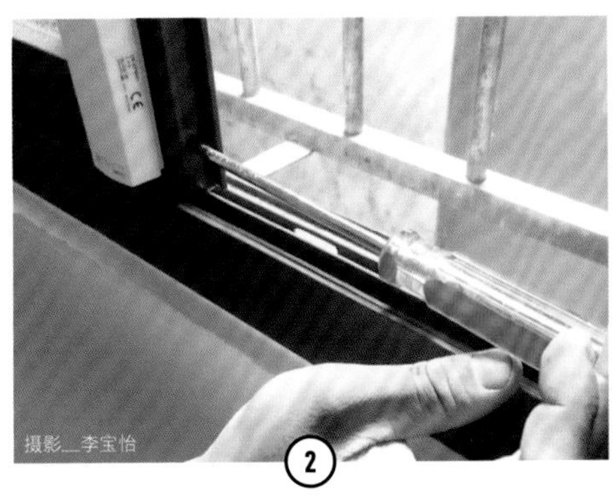

用十字螺丝起子去调整窗框下方轮子的高低，让窗框呈现水平，让窗子能关紧密合。

若是窗子缝隙是上小下大，则调整位于窗框右边最低处的螺丝孔即可。

专家小提醒

旧式纱窗如何调高低水平，使窗户密合呢？

旧式的纱窗，由于没有设计螺丝孔来调整窗子的高低水平，因此若发生窗体歪斜有缝隙的情况，建议只能将窗户卸下，将滚轮拆下后垫上垫子来调整；但由于涉及一些调整技术，一般人可能没有办法操作，建议还是找专业师傅比较妥当。

图片提供＿今砚室内设计

Part 9

油漆涂刷 +
墙面修缮

Q1.

如何自己更换壁纸？

专家解答

若想除去旧壁纸，最专业的做法就是用稀释盐酸去除，但对一般人来说太危险，建议买市售的壁纸去胶剂处理，比较安全。除去旧壁纸后，用补土将墙壁美化并补齐，贴上新壁纸，居家就可焕然一新。

TOOLS 材料、工具

壁纸黏着剂

壁纸去胶剂

五件贴壁纸工具组(含刮刀 × 1、美工刀 × 1、壁纸刷 × 2、滚轮 × 1)

修缮步骤

图片提供＿今观室内设计

①

先将已脱落的壁纸大概撕去，并用美工刀将不易去除的旧壁纸表面刺破，然后将去胶剂倒入容器中，与水的比例约1：2调和均匀，再用油漆刷或滚轮将去胶剂涂抹在旧壁纸上，使去胶剂容易渗入壁纸。

图片提供＿今观室内设计

②

静置20～30分钟，待去胶剂完全渗入壁纸，即可用手或刮刀清除壁纸。撕完后，将墙面凹洞以补土加以填补，利用刮刀整平后即可完成。一定要让墙面呈现平坦干净，之后再贴新的壁纸才会好看。

内容咨询__今砚室内设计、特力屋 施工__宫乘木院设计-榭琳家饰

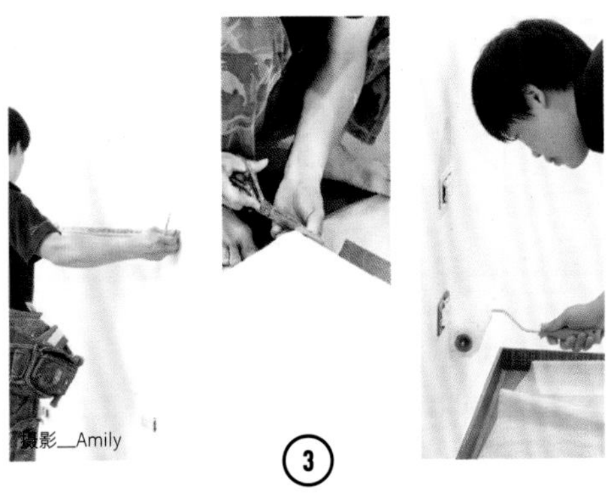

3

量好墙面长度后，再裁切需要长度的壁纸。建议裁切壁纸时可预留多1~2厘米长度，而且裁切壁纸前先确认对花位置是否足够。另外，美工刀刀面锋利，避免产生毛边破坏美观。如希望加强黏着力，可在壁纸背面和墙面均上胶。

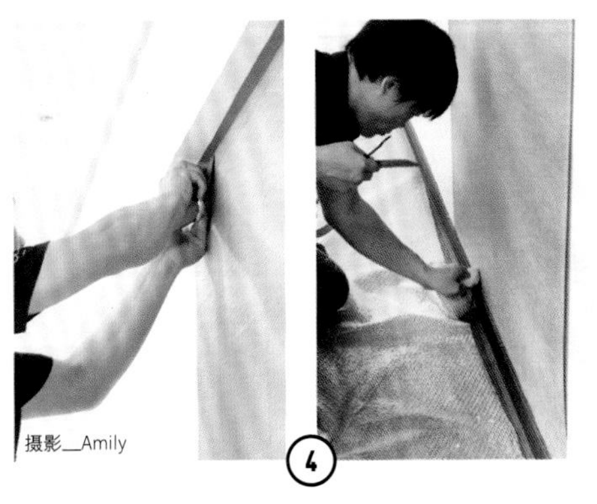

4

开始粘贴壁纸，从上往下贴，注意对花接缝并齐，不要有空隙或重叠。可用海绵将溢出表面的壁纸胶擦干净，避免日久变黄。

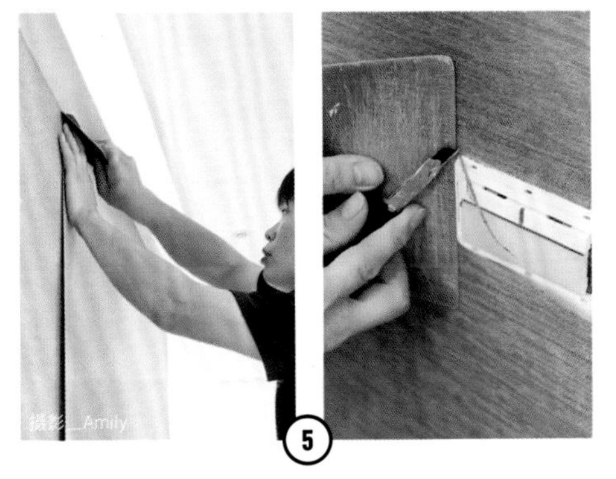

5

贴上壁纸后，将壁纸接缝处压平，并用刮刀轻轻地将气体排出，使壁纸紧贴于墙面，最后以美工刀和刮刀将多余的壁纸切除。

专家小提醒

建议当消费者欲粘贴的范围面积较小时，例如在5平方米以下，可以使用自粘壁纸，附有背胶的壁纸可以立即粘贴，不需另外上胶，更省时省力，撕下后也较不易有残胶留在墙面上，适用于电视背景墙、卧室墙面等。

Q2.

如何用油漆轻松补平家具破损缺口处？

专家解答

在家自己DIY油漆之前，先选好喜欢的颜色，并计算所需的油漆量，平均每1升的涂料约可涂10平方米（一层）左右。另外，在施作前最好将门、窗框、家具遮盖起来，连同做好的木柜、地板等都要将其覆盖好，以免在油漆施工中弄脏家具。

TOOLS 材料、工具

平光油漆

批土

砂纸

油漆刷

修缮步骤

摄影__江建勋

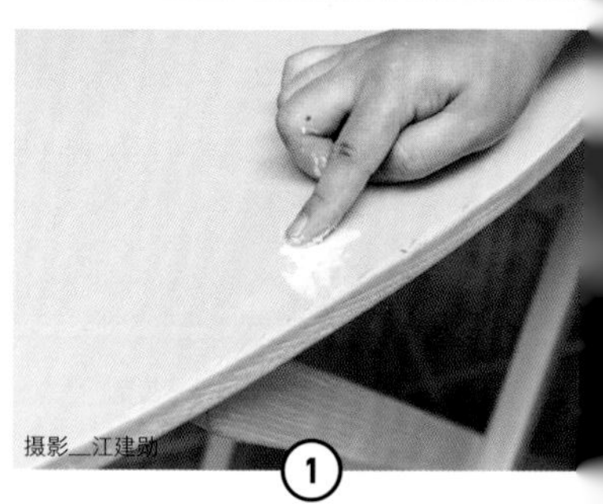
摄影__江建勋

①

在木质熨衣板上找到待修补处，并确认其部位为干燥无脏污状态；当破损缺口不是太大时，可简单使用手指蘸挖批土，将凹洞填满抚平，接着只需静置一旁等待批土干固。可简单用手指轻摸测试批土干固程度。

示范__何慧琪

摄影__江建勋

2

取一小块砂纸，将干掉后附着在表面多余的批土轻轻磨至与表面齐平。

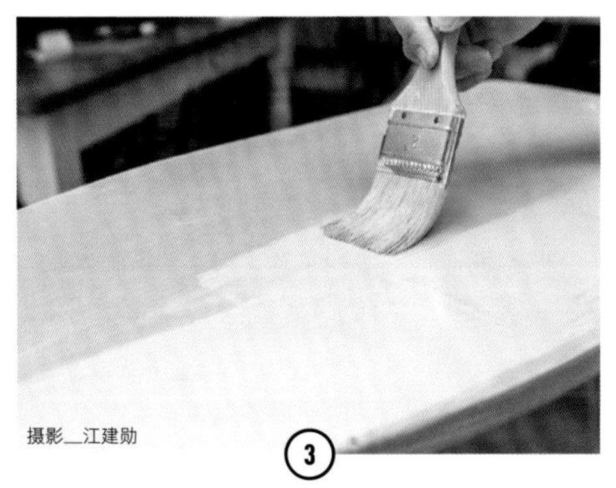
摄影__江建勋

3

在刚补好的批土上刷上油漆，待干即完成。可局部上色或将原物借机重新粉刷，烫衣板立刻焕然一新。

专家小提醒

千万不可在批土还未干时就急着刷上油漆，否则容易让家具或墙面长蛀虫，后患无穷！

Q1.

如何修补墙面出现的细小裂缝？

专家解答

当地震或不同材质结合发生热胀冷缩、油漆老化等情况，很容易在墙上留下细小的裂缝。若是面积不大，其实可以用批土自己补一补，再用油漆或水泥漆补色就可以了。不必请专业师傅，而且这种太小的工程，一般师傅也不太愿意帮忙，所以只好自己动手做。

TOOLS 材料、工具

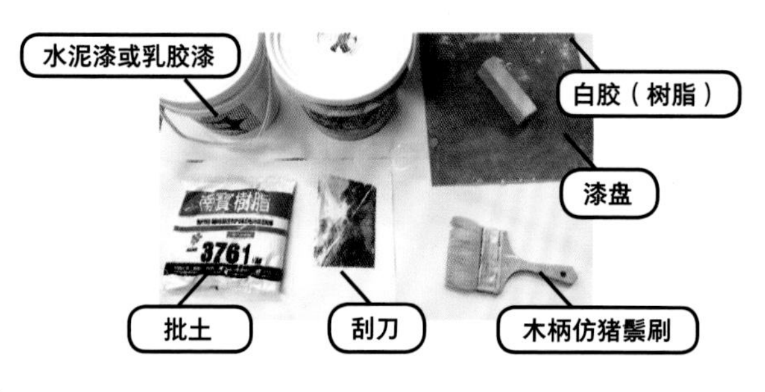

修缮步骤

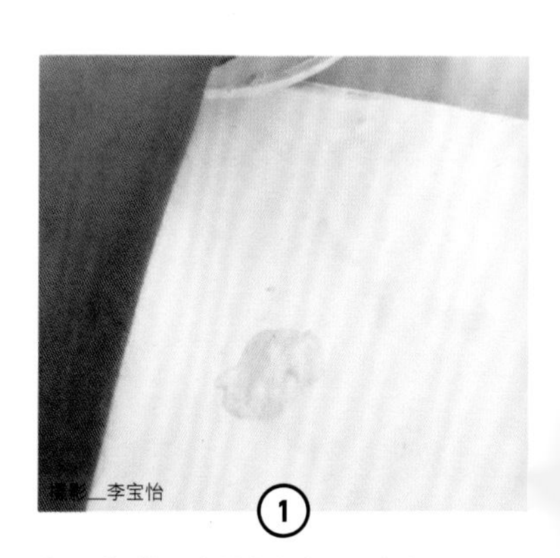

①

先用刮刀挖一点批土在木质漆盘上。

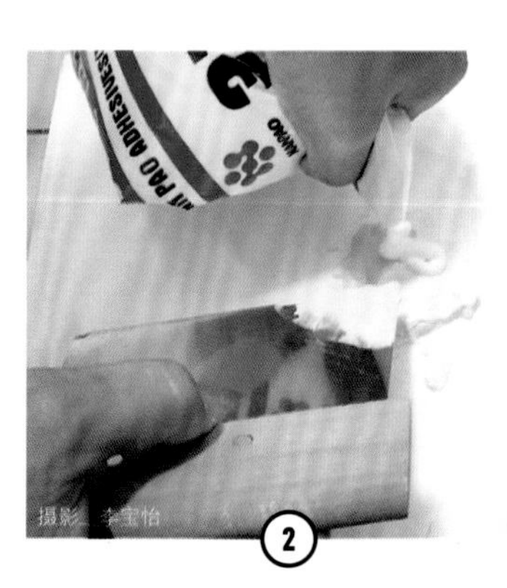

②

在批土上加入一点白胶，以增加批土本身的黏性，搅拌均匀成膏状。在搅拌过程中，若是批土太潮湿也可以再加入一点石膏粉。

示范__今砚室内设计

3

利用刮刀将搅拌好的批土直接涂抹在墙上的裂缝上，补到平整，看不到裂缝。

4

10～30分钟，待墙上的批土干后，再用砂纸打磨，使墙面光滑。

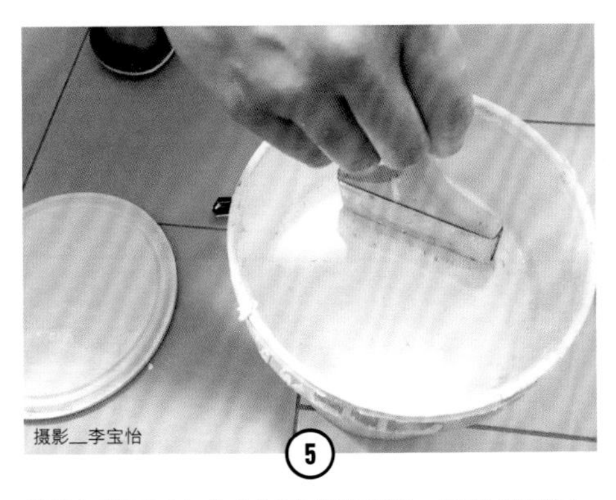

5

搅拌与墙面同色的水泥漆或乳胶漆，并用毛刷蘸上油漆。

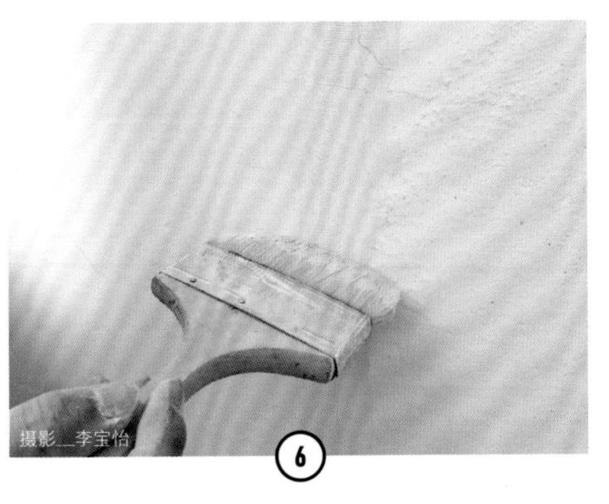

6

刷至墙上批土处，即完成修补工作。

Q2.

如何清除水泥漆墙面的残胶及污垢？

专家解答

现在室内水性油漆可以做到耐光照、抗湿气、防霉抗菌、色泽持久不易褪色，重点是还可以直接用水擦拭墙上污垢，不怕留下痕迹。然而，有时仍会有一些不易清除的情况发生，例如墙面上的残胶或被油性笔、油渍沾染而无法清除的情况发生，这时可以将墙面灰尘或残胶清除后，再用相同颜色的油漆覆盖即可。

TOOLS 材料、工具

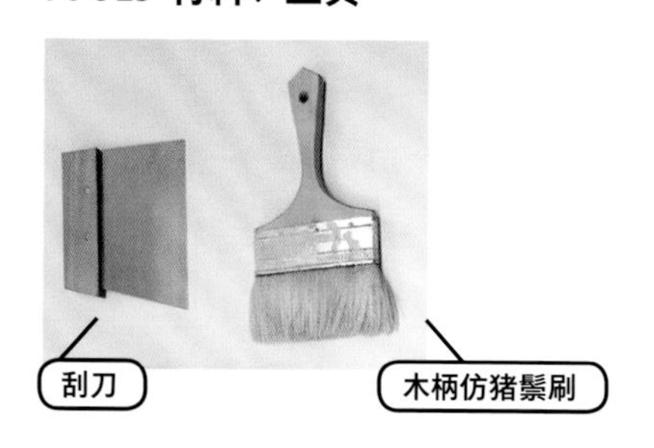

修缮步骤

① 先用不锈钢刮刀将墙面的残胶清除干净。

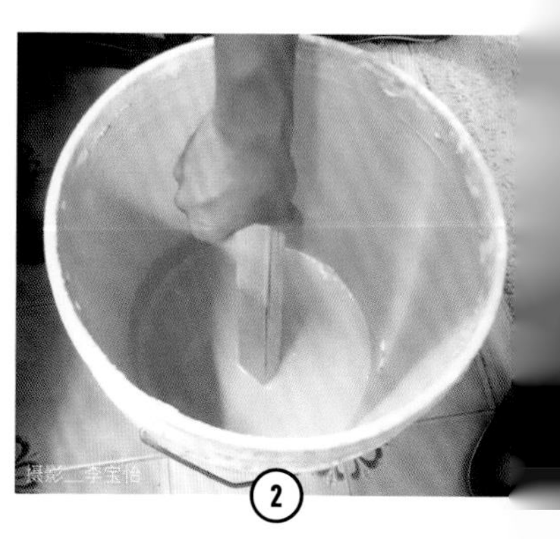

② 搅拌与原墙壁相同颜色的水泥漆或乳胶漆。

示范__今砚室内设计

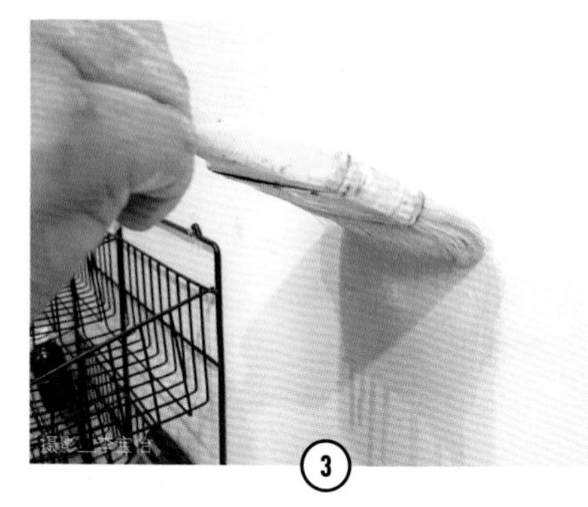

在墙面污垢处上下均匀涂抹。

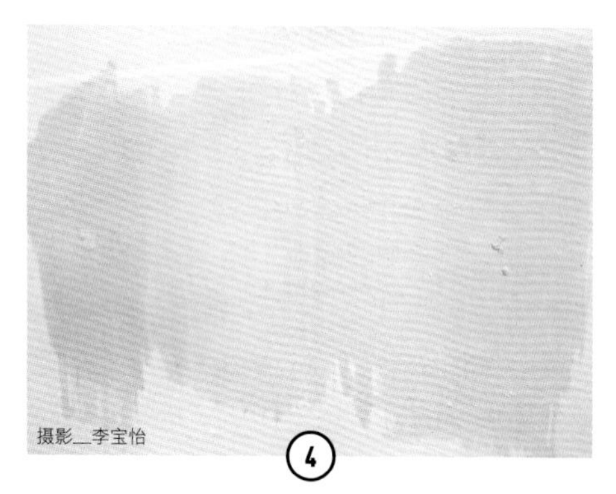

摄影__李宝怡

等油漆干后，所有污垢已看不见。

Q3.

如何处理家中小面积的壁癌？

专家解答

老实说，防治壁癌最重要的是找出渗漏水的原因，并且根除。若是家里有严重且大面积的壁癌，建议还是找专业的抓漏师傅来处理；若只是轻微的壁癌其实可以自己DIY解决。市面上有很多去除壁癌的懒人包售卖，其组合包括强效除霉液或抗壁癌剂、防水批土、抗碱底漆等，让非专业人士也可以轻轻松松地处理自家壁癌问题。

TOOLS 材料、工具

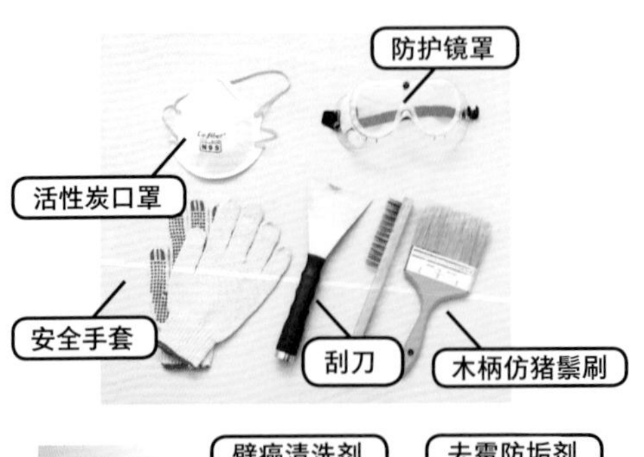

修缮步骤

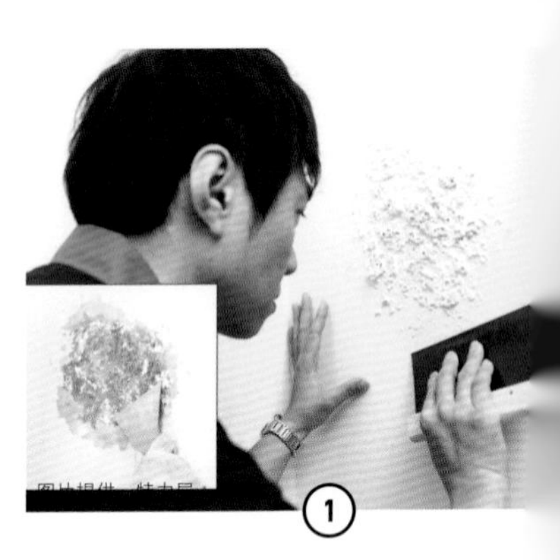

用刮刀去除墙面斑驳的油漆表面。若清除时，发现墙面有水泥剥落，则建议最好用铁锤将整个墙面清除至见红砖。并将整个油漆表面清除掉。

图片提供＿特力屋

油漆面清除后，使用白华溶解剂清除凹洞中的白华，并等待10分钟溶解出白华且擦拭；喷上去霉除垢剂，静置5～10分钟，严重的霉菌可静置30分钟以上。

示范＿特力屋

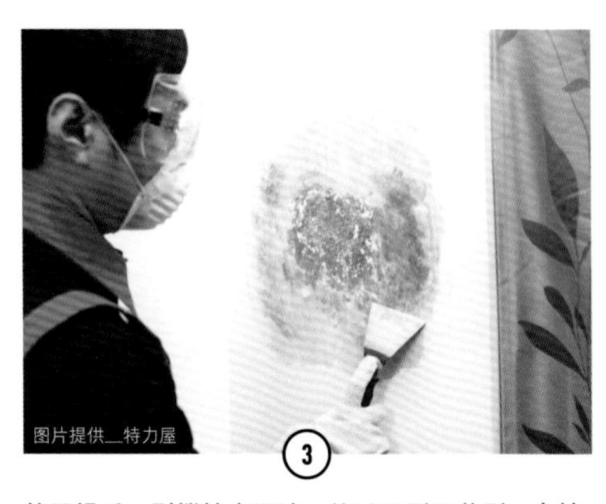

等干燥后，则搅拌水泥漆，然后用刷子蘸刷，在墙面上涂抹；用水泥漆整个墙面涂刷一次。

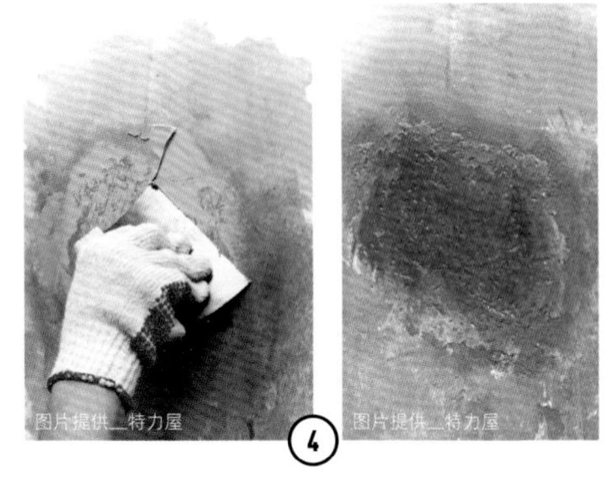

等水泥漆干后，再用批土将整个墙面补平变光滑。接下来步骤与修补墙上裂缝是相同的，批土、砂纸打磨至光滑。

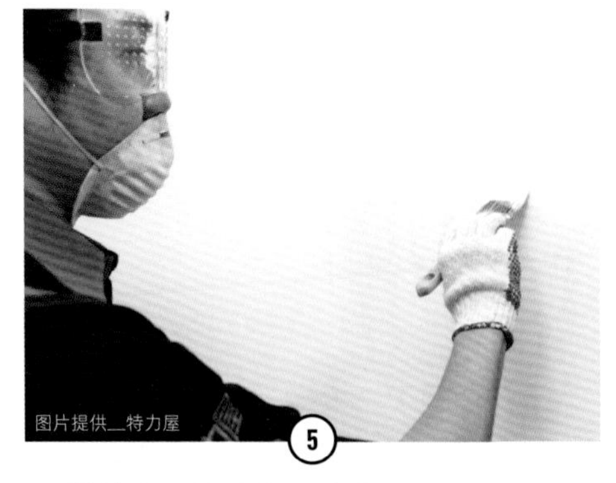

最后等墙面干后上油漆，即完成。

Q4.

如何解决老旧墙面的水泥剥落问题？

专家解答

通常房子年代久了，只要遇到地震，有些角落的水泥就会掉下。若是很大块状，且掉落处已露出钢筋，则建议最好找专业师傅前来检查，是否是结构已有问题。若是小面积剥落，在不影响生活前提下，可以运用水泥砂浆回填补平，再上油漆即可。

TOOLS 材料、工具

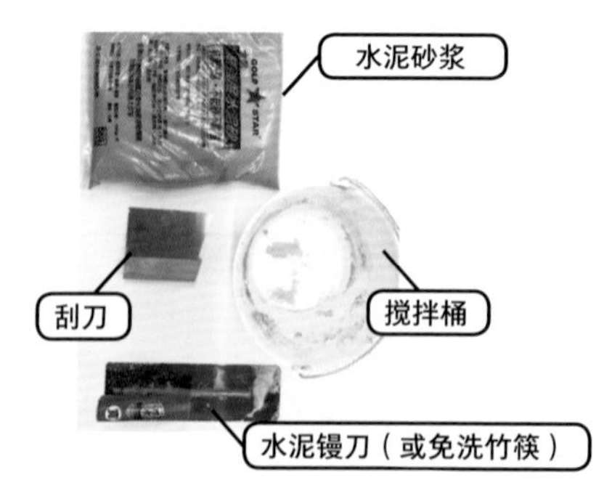

修缮步骤

① 购买高强度水泥砂浆，倒入桶里，加水搅拌成泥状。

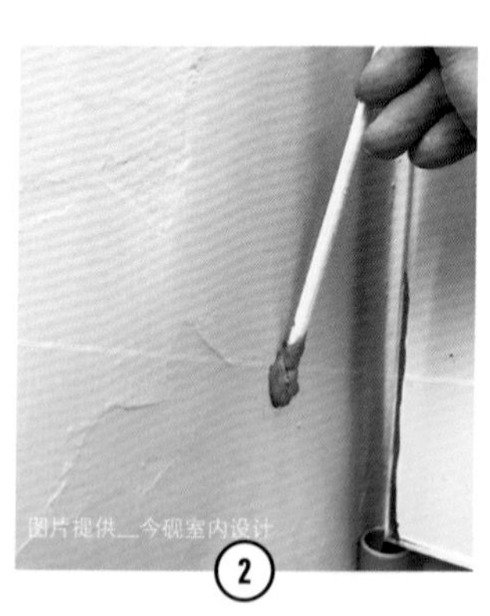

② 因为这个洞比较小，可用免洗竹筷挖水泥砂浆，填补至洞里，将之填满。若破损的洞口比较大，建议最好用水泥镘刀来处理比较漂亮。

示范__今砚室内设计

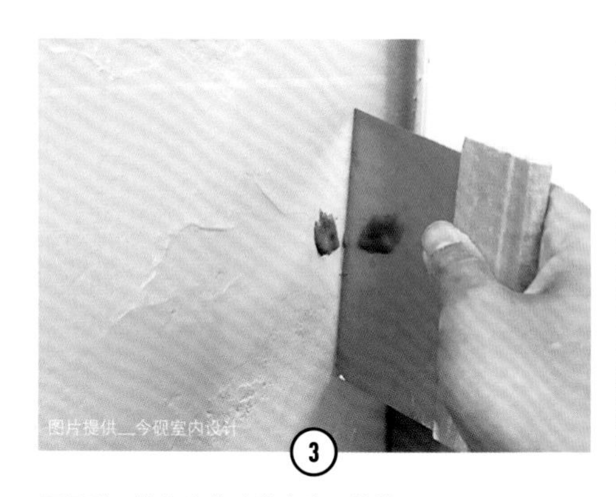

③

再用刮刀将多余的砂浆去除，并补平。

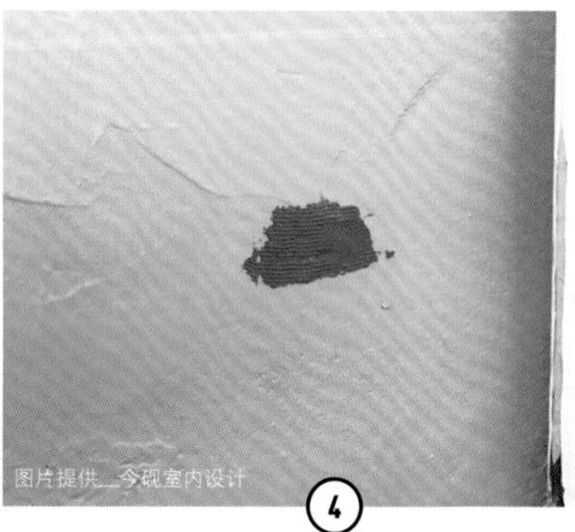

④

等水泥砂浆干后，即可上漆美化。

Part

10

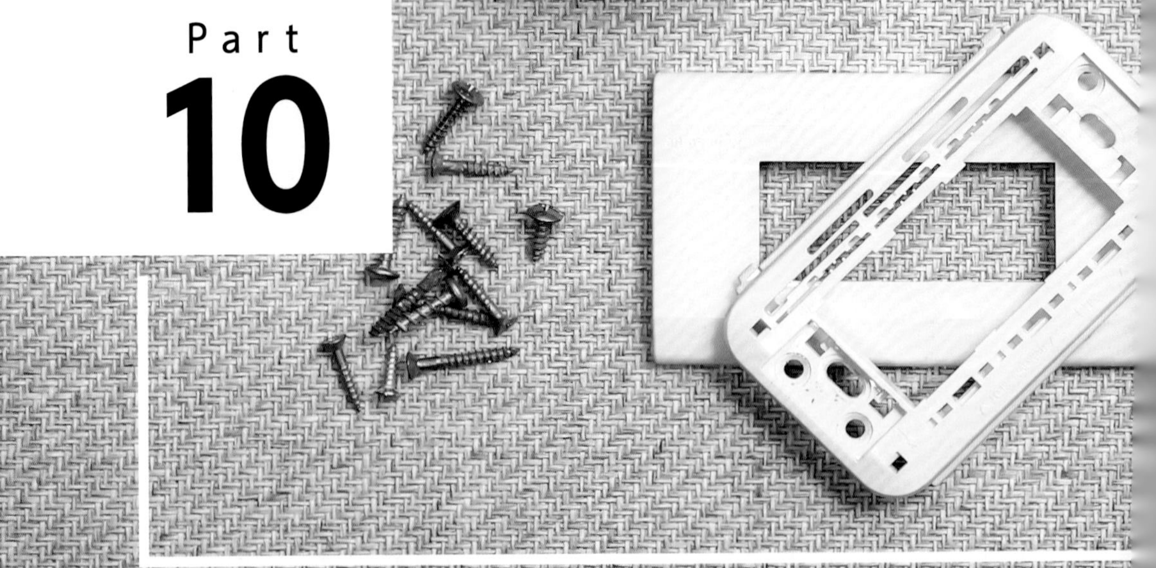

地面修缮

Chapter1
地面常见问题

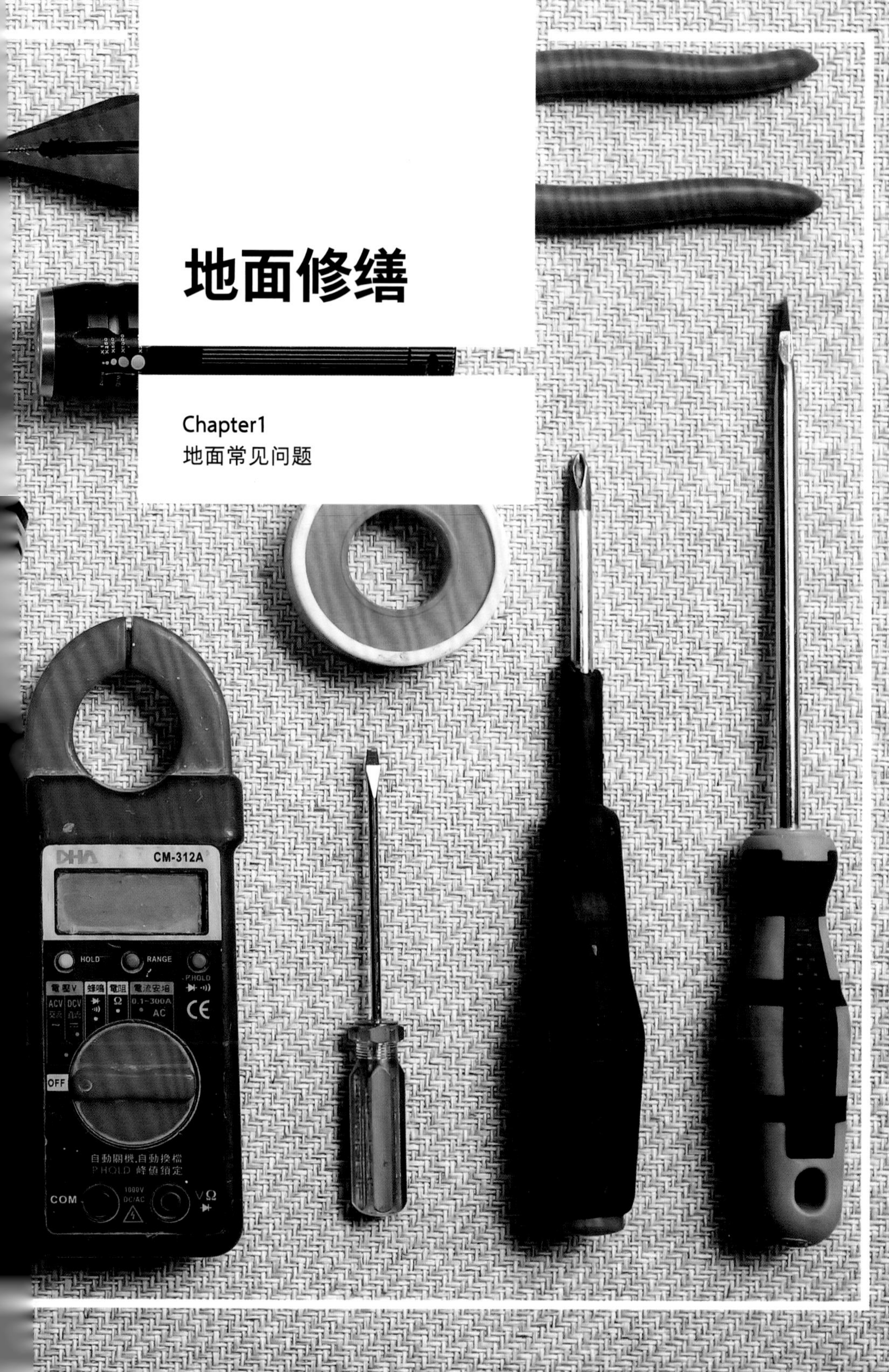

Q1.

如何填补地砖接缝破洞？

专家解答

家里无论是壁砖或地砖，都是靠水泥支撑依附在表面，然后运用填缝剂或水泥收尾。但受到外力，如热胀冷缩或是敲打，导致地砖旁的填缝水泥破损，不但地砖容易翘起来，同时也容易割伤脚，而且洞口还容易藏污纳垢，发霉生苔，因此最好赶快填补起来。其实填补方法也很简单，只要使用瓷砖黏着剂把洞口补起来就可以了。

TOOLS 材料、工具

干拌砂浆瓷砖黏着剂

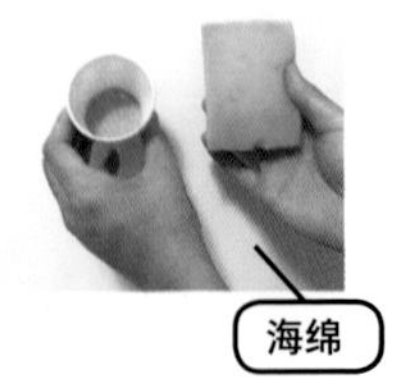

海绵

修缮步骤

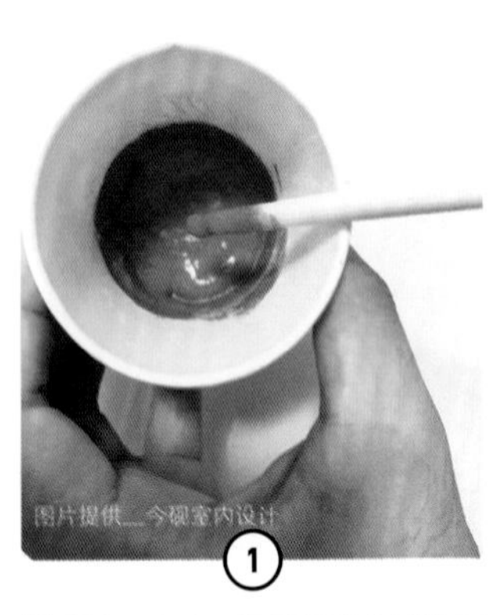

① 针对缺口大小，取用适当分量的干拌砂浆瓷砖黏着剂，在纸杯里搅拌成泥状。

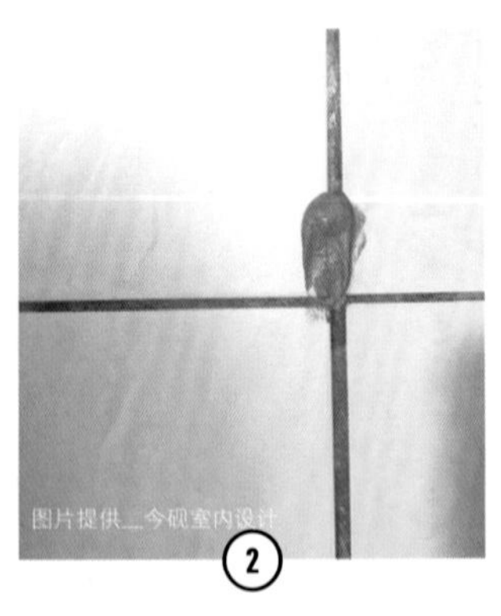

② 将已成砂浆的瓷砖黏着剂填补至瓷砖破损的地方。

示范__今砚室内设计

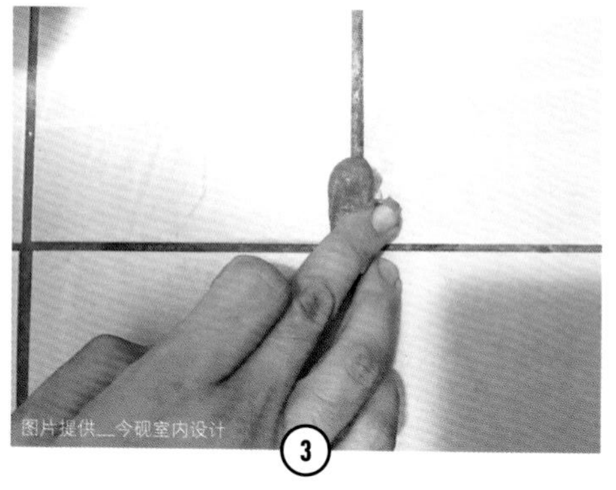

可用手指填平。若是洞口面积大，则可以用水泥镘刀填平。

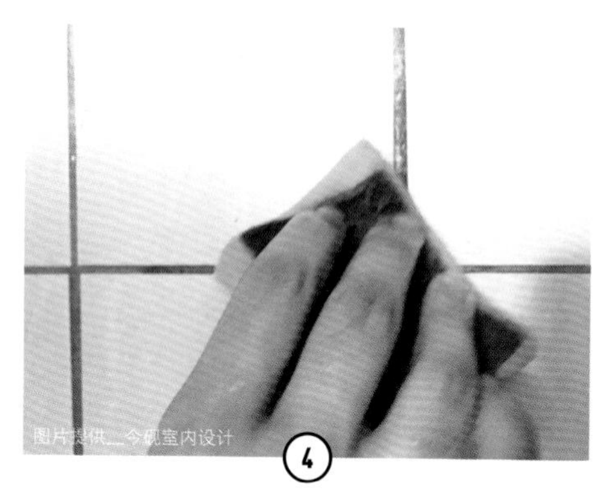

待干后，接着用吸水海绵将墙面多余的水泥清除。

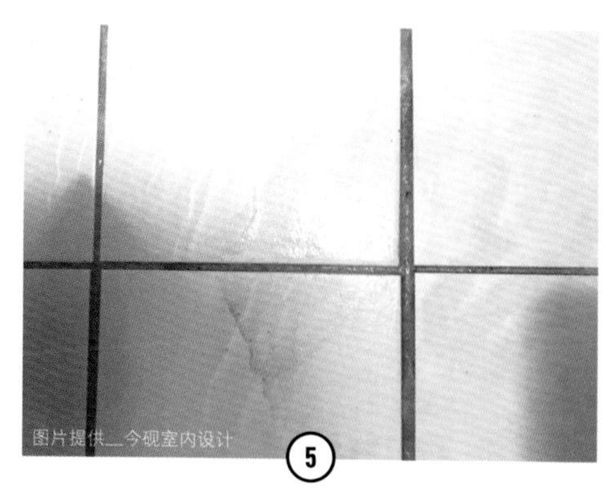

填补完毕。

Q2.

地砖出现水痕或污垢要怎么清理?

专家解答

当地面因为被包裹红纸的盆栽染上一圈红色的污点，擦也擦不掉。又或者铁罐放在地砖上，结果铁罐受潮氧化，在地上留下一圈圈的铁锈，洗也洗不掉。像这类地砖、抛光石英砖或大理石被污染的例子层出不穷，其实除非像大理石毛孔较大，吃色久了难以去除外，其他地板都可以用工业用过氧化氢来去除60%～70%的颜色，使之变淡。

TOOLS 材料、工具

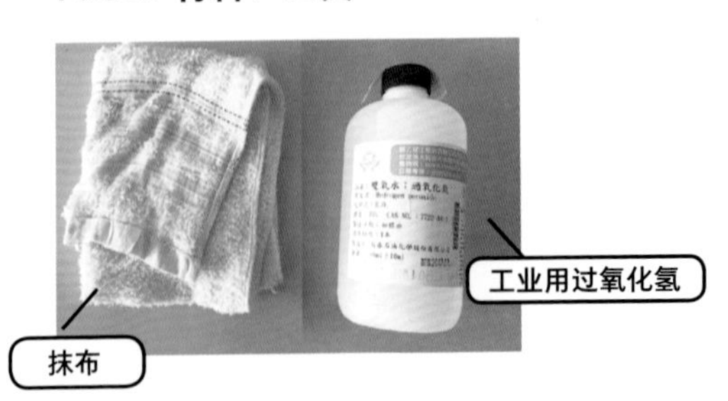

修缮步骤

示范__今砚室内设计

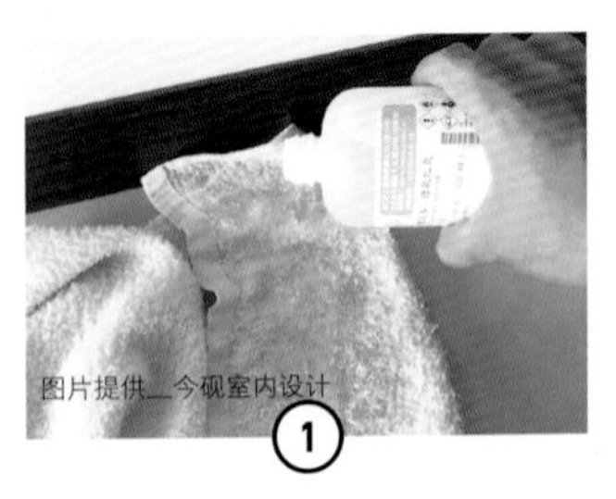

准备一条抹布，将工业用过氧化氢倒在上面。

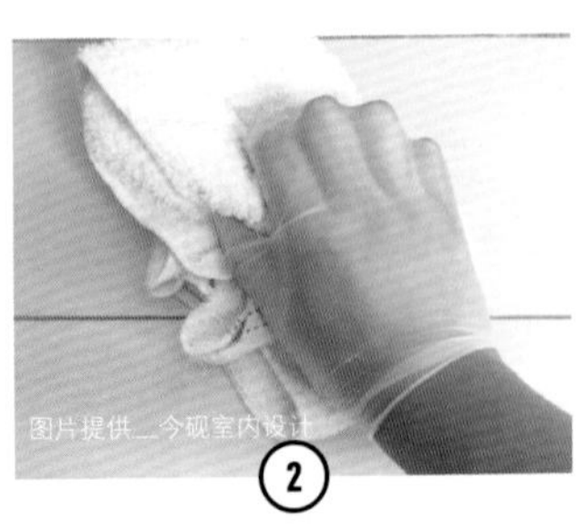

然后把抹布覆盖在有污渍的地砖上静置10分钟左右。务必戴手套，以免工业用过氧化氢伤害皮肤。

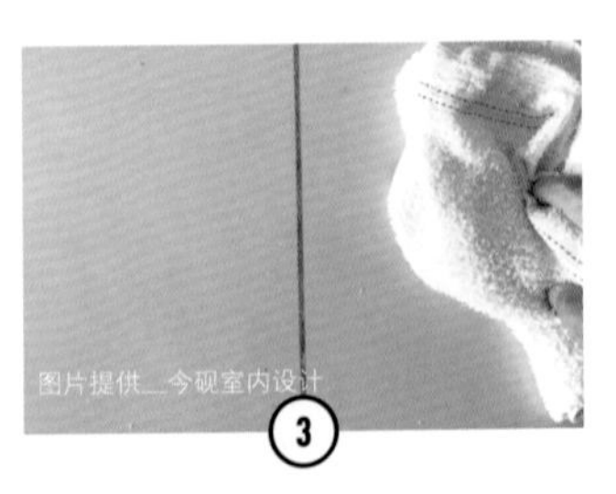

10~20分钟后再擦拭时，即可见地砖的污渍已经变淡。

Q3.

木地板出现疑似虫咬的小洞孔，怎么办？

专家解答

木地板有白蚁及蠹虫怎么办？若有白蚁进驻，最好找专业厂商消毒，才能一劳永逸。而蠹虫，多数躲在夹板层到木地板表面之间，一边吃木材里的淀粉，一边在里面挖洞。如果木地板上有小孔，且旁边有疑似木屑粉尘，多数是蠹虫作怪，建议用天然方法，以低毒性农药，如除虫菊、毕芬宁等，用针筒注射到虫孔里，让蠹虫无所遁形。

TOOLS 材料、工具

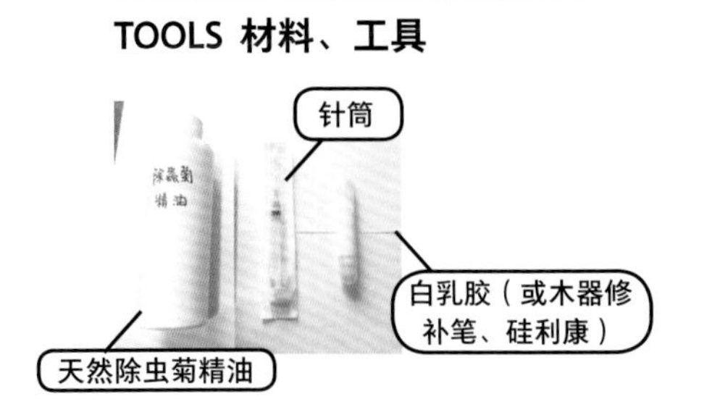

修缮步骤

示范__今砚室内设计

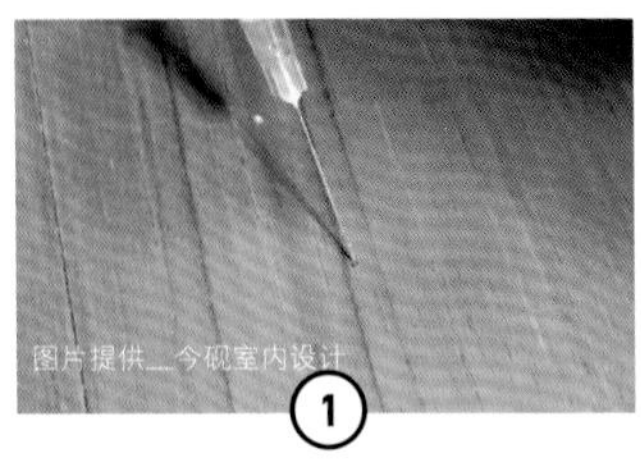

先将天然除虫菊精油以1：100的精油与水比例稀释，然后用针筒装入天然除虫菊精油水，再把针孔对准木地板的洞孔插入。

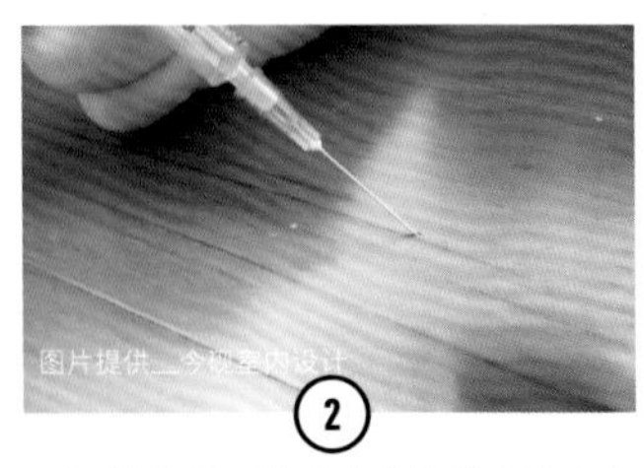

慢慢地将稀释的除虫菊精油水注入木地板上的洞孔，让液体流入整个木地板里的隧道，同时也要注射木材的4个边。

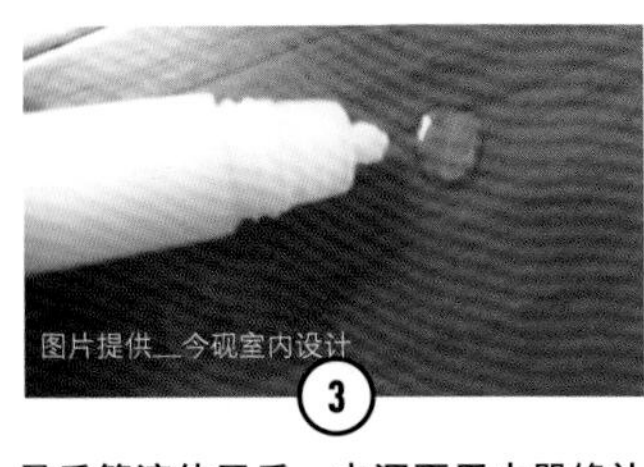

最后等液体干后，虫洞再用木器修补笔或白乳胶、硅利康填起来，再刮除表面多余的物体即可。

Part 11

Chapter1

定期安全检修与保养清单

修缮PLUS

Q1.

如何确保燃气安全？

专家解答

住宅中常用燃气设备主要为天然气、煤气、液化石油气、油裂气或混合气、供气管路及排换气设备等。燃气用具主要为厨房使用的燃气灶炉具、热水器及供气管路等。当燃气泄漏或燃烧不完全时，常会造成火灾和中毒事件，因此燃烧器具的设置场所及通风条件需要十分注意。

使用燃气更安心Check List

- ☑ 1. 燃气管线每两年检查一次
- ☐ 2. 燃气室内外管需使用合格材质
- ☐ 3. 燃气管最好以明管设计，方便检修
- ☐ 4. 安装燃气设备交由持有燃气器具装修技术证照者执行，不可请水电师傅自行修改
- ☐ 5. 热水器及排油烟口附近勿摆过多物品影响通风
- ☐ 6. 安装热水器的墙面应为不燃材质
- ☐ 7. 热水器、燃气灶周边不得放置易燃物
- ☐ 8. 燃气灶火焰跳动色黄，要注意是否燃烧不完全
- ☐ 9. 就寝前或长时间外出，要关闭燃气总开关

燃气注意事项

1. 燃气使用前后，外出、就寝前，请关闭燃气开关。
2. 燃气三层管要经常检查，最好1～2年检验一次，如有破损或龟裂现象应立即换新。
3. 燃气三层管长度不宜超过1.8米，并应加装安全夹，以防脱落。
4. 市面上已有微电脑燃气表，遇5级以上地震、燃气超过正常使用时间、管线松动大量漏气时，会立即切断。

安装R280型燃气调整器，较不易发生一氧化碳中毒意外。

燃气灶注意事项

1. 定期检查燃气灶管路接口，有无破裂、松动。燃气灶长期使用容易造成零件老化，燃烧器焰孔腐蚀等，建议每五年进行更新。
2. 燃气灶贴有检验标签，表示检验合格，品质较有保障。
3. 选择有熄火安全装置的燃气灶，若汤汁溢出、风吹熄火或点不着，均能立即切断燃气来源，避免燃气漏气发生危险。
4. 正常使用时，燃气灶火焰应呈现内外焰分明，内焰淡青、外焰紫蓝色，火势强、燃烧稳定的情形。

燃气灶火焰，内焰为淡青色、外焰为紫蓝色才是正常。

Q2.

如何确保用电安全?

专家解答

当电线老旧破损、总电量不足、用电观念不正确时，都可能造成跳电甚至火灾，影响生命和财产安全，装修时要注意，并且定期检查家庭用电安全，确保家中电路系统的稳定。

预防触、漏电注意事项

1. 浴室内的灯具因受潮而容易受损漏电，需选择使用防水型灯具。
2. 厨房、浴室等潮湿区域的插座，在插座上装设保护罩或外盖避免触电。另外，在潮湿场所，穿着拖鞋可降低触电危险。
3. 电线外皮为PVC材质，耐高温度标准值为60℃，在高负载用电下，捆绑电线会导致不易散热，容易造成电线走火。

预防触、漏电Check List

- ☑ 1. 电线不可弯折捆绑，避免线路过热
- ☐ 2. 电箱要加装无熔丝开关
- ☐ 3. 规划电路回路要通盘考虑，并加装漏电断路器
- ☐ 4. 使用延长线要注意总负载量
- ☐ 5. 电路线要配管，便于抽换与维护
- ☐ 6. 潮湿区的插座加装外盖防护
- ☐ 7. 厨房家电多，要注意插座的总负荷量
- ☐ 8. 出线盒视装设位置挑选适当材质
- ☐ 9. 拔插头时要握住插头，不能只抓电线
- ☐ 10. 餐桌附近插座应设置于靠近主人座位侧，预防宾客及小孩不慎勾到电线发生危险

图片提供＿演拓空间设计

浴室等潮湿场所，使用防泼水插座，预防触电意外。

线路注意事项

1. 房龄超过25年的房子，管线多数老化，最好进行全面更换。但有时房龄只有十二三年就很难让人判断该不该换，这时有几项指标：电线上印的出厂时间，包覆电线的绝缘体是否劣化、碎裂，电箱内开关是否有交会点因过载而焦黑以及是否常有跳电的情况。
2. 厨房内的电器设备相对较多，为了提升烹饪效率，电流较强，同时开启会容易面临跳电的窘境。因此建议可独立配线并选用无熔丝开关。
3. 非固定式灯具使用延长线，要注意共用的电器整体电流负载，超过150瓦要用独立插座，例如高耗电的卤素灯就可能达300瓦，绝对要特别注意。

设备材质注意事项

1. 一些用电量大的家用电器，如空调、烘衣机、微波炉、烤箱、电暖器、暖风机、除湿机等，应避免共用同一组插座。
2. 拔下延长线插头时，应手握插头取下，不可仅拉电线，否则极易造成电线内部铜线断裂。
3. 配电箱除加装电路切断器外，再多一道过热保护开关，过热自动断电，防止电线走火。
4. 根据位置的不同，出线盒的材质也不同，在室外需使用具备防水功能的出线盒；浴室则用不锈钢品；一般室内空间则使用镀锌处理，一旦出线盒生锈就要尽快更新。

图片提供＿演拓空间设计

用电量大的电器，最好设计专用插座，避免负荷不足。

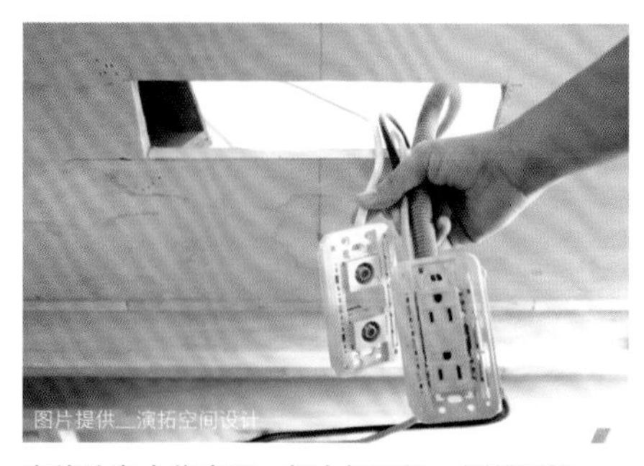
图片提供＿演拓空间设计

出线孔在木作出现，如木板隔间、轻隔间等，一定要做好出线盒的支撑，否则易脱落，造成危险与使用上的不方便。

Q3.

如何确保用水安全？

专家解答

除了外露的水龙头、地漏之外，居家空间还埋藏许多管路，若不曾清洁或更新，小则藏污纳垢，大则滋生病菌或老旧腐蚀；管路多为暗管，施工时若没有注意使用材质与接点问题，装修完成后可能暗藏漏水危机，设计、施工时要谨慎。

管线系统注意事项

1. 打开水龙头前段常出现黄水，可能是管线老旧、水塔不洁或其他问题。
2. 自来水虽经多道过滤，但水管长期使用必定会附着杂质，建议最好一年定期清洗一次水管，才能确保用水品质，同时避免供水堵塞。
3. 居家热水管（明管）通常使用不锈钢材质，建议在热水管上加上保温包覆，减缓温度在输送过程中降低的速度。此外，在预算许可下，冷水水管也可使用不锈钢管材，因为不锈钢管的耐水压力比一般水管好。

让用水更放心Check List

- ☑ 1. 外接热水明管做保温包覆
- ☐ 2. 出现壁癌要进一步查明原因做处理
- ☐ 3. 定期清洗水塔和水管
- ☐ 4. 定期更换水龙头橡胶垫，避免止水不良造成漏水
- ☐ 5. 保持浴室、厨房、阳台、地板地漏畅通
- ☐ 6. 不倒超过80℃的热水进马桶、浴缸、排水管
- ☐ 7. 水空间管线施工绘图时，需准确拍照绘制，以便日后快速找出问题点

供水管线老旧生锈，会出现水变黄的情况。

用水设备注意事项

1. 热水器的水箱漏水导致燃烧不完全，会造成一氧化碳中毒，一定要定期检修。
2. 为了避免家中老人、小孩误触水龙头或者在用水时不易调整水龙头而烫伤，可以选择有温控的水龙头，不仅安全，还有恒温功能。
3. 面盆下方的P型存水弯应定期清除管内的毛发与杂物，以免造成臭气回流或排水不顺畅。而面盆建议搭配浴柜使用，一来可分担面盆的重量，降低松动掉落的可能性，二来收纳功能更佳。

给排水管保养必知

1. 若遇到用水量比平日增加时，应仔细调查原因，有时可能是因为用水浪费所导致，若排除此因素，则要检查是否为漏水所致。
2. 水塔与受水池每年应至少清洗一次，同时也应实施水质检查。
3. 停水后，若打开水龙头却听到异常声音，这通常是因为空气进入水管而造成，只要打开全部水龙头，让空气排出即可排除此状况。
4. 管路堵塞时可先用钢丝疏通，避免使用药物溶解，以免伤及水管与接头封胶。
5. 排水管路不可长期排放过热的水，以免造成管路损伤。

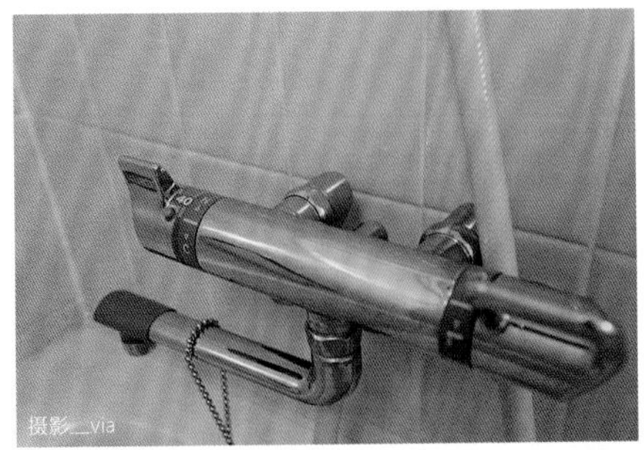

附有温度调节防护钮的水龙头，避免孩子在浴室玩水时误触热水开关。

水塔、受水池应定期清洗，并确实加盖，防止异物进入。

Q4.

居家防盗如何做？

专家解答

防止居家被入侵窃取财物，第一步就是要让空间看起来很难入侵，举例来说，装设坚固复杂的门锁、防盗格子窗等，第二步是不要显露没人在家或起居行踪，更积极地装设安保系统网络摄像头，也是震慑小偷的积极方式。

门锁注意事项

1. 门锁段数越高越能防盗，一般门锁包括三段锁、四段锁和五段锁，段数越高表示开启越复杂，所需时间越久。另外，在相同材质条件下，门板厚度越厚实，防盗效果也更好。
2. 喇叭锁、辅助锁最容易被打开，因锁头的构造简单或锁盒、挡板的铁板太薄，让门锁容易开启，建议最好更换。
3. 科技智慧锁具——电子式门锁，优势在于防盗性高，难以破坏，内建警报器，若遭破坏撞击，将有警示铃声，如果密码连续操作错误，会有暂时停机的设置。缺点是故障维修较麻烦。

家居安保系统Check List

- ☑ 1. 采用材质坚固、破坏需耗费比较长时间的门锁
- ☐ 2. 安装安保系统
- ☐ 3. 长时间外出时，利用灯光、音乐，制造家里有人的假象
- ☐ 4. 暗巷或周边较无人烟处，装设感应灯或警报器
- ☐ 5. 不要把钥匙藏在门外鞋柜或横梁
- ☐ 6. 架设防护窗要留逃生口

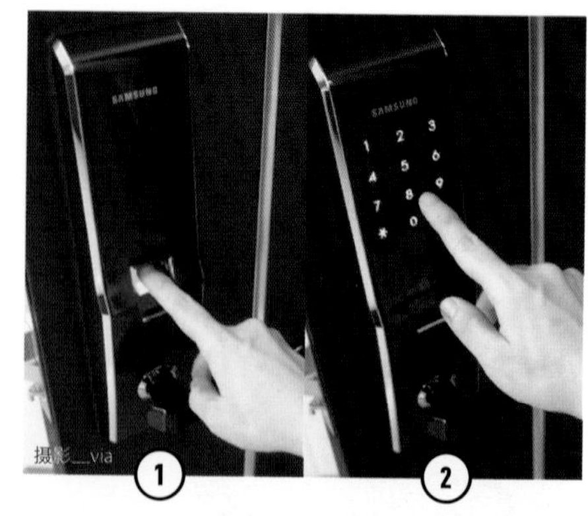

电子式门锁可分机械式和电子式，机械式使用一般钥匙进入，电子式则可以晶片感应、遥控或以密码、指纹识别进入。

防护窗注意事项

1. 住宅架设防护窗，要预留逃生口。
2. 防护窗预留逃生窗口，不要使用钥匙开关的设计方式，通常在紧急状况时，多会忘记钥匙放置位置，以至于无法快速逃生，因此，以卡榫方式设计较好，并将其隐藏在不易被发现处。
3. 由内往外装设较难遭破坏，因其固定支脚不会暴露于屋外墙面上，可减少自屋外破坏的机会。建议使用铝质穿梭管、防盗格子窗、隐形铁窗。

安保系统装置

1. 有许多安保公司提供多样化服务，多数都会上门勘查规划，再针对安全防护设计、安保系统功能、服务方式与相关费用等项目询问清楚，视需求选购。
2. 利用网络摄像头远端掌握居家状况与老人、小孩安全，当网络摄像头侦测到人、物移动后，便可立即传送照片到设定使用人的智能产品中，因此是个“不用花钱的24小时安保”，不仅可立即了解通过的人是谁，还可达到警示作用。
3. 保险箱可崁入柜体做整体设计，融合在空间内不会显得突兀，设计要留意尺寸，注意电线与插座位置。

摄影_via

住宅架设防护窗，要预留逃生口。

图片提供_演拓空间设计

装修时便可事先考虑保险箱放置的位置，或可使用暗抽作为收纳用。

图书在版编目（CIP）数据

家的修缮常备手册 / 漂亮家居编辑部著. —北京：中国轻工业出版社，2020.12

ISBN 978-7-5184-2811-3

Ⅰ. ①家… Ⅱ. ①漂… Ⅲ. ①住宅－修缮加固－手册 Ⅳ. ①TU746.3-62

中国版本图书馆CIP数据核字（2020）第122948号

责任编辑：陈　萍　　责任终审：李建华　　整体设计：锋尚设计
策划编辑：陈　萍　　责任校对：朱燕春　　责任监印：张　可

出版发行：中国轻工业出版社（北京东长安街6号，邮编：100740）
印　　刷：北京博海升彩色印刷有限公司
经　　销：各地新华书店
版　　次：2020年12月第1版第1次印刷
开　　本：710×1000　1/16　印张：13.5
字　　数：210千字
书　　号：ISBN 978-7-5184-2811-3　定价：68.00元
邮购电话：010-65241695
发行电话：010-85119835　传真：85113293
网　　址：http://www.chlip.com.cn
Email：club@chlip.com.cn
如发现图书残缺请与我社邮购联系调换
191366S5X101ZYW